03 077

Rudolf Heym (Hrsg.), Erlebnisse am Schienenstrang

Zwischenhalt in Steinbach auf der Schmalspurbahn Wolkenstein – Jöhstadt im Winter 1976. Auch die „Bimmel“ braucht ein wenig Öl, dann kann es weitergehen

Rudolf Heym

Erlebnisse am Schienenstrang

Mit Beiträgen von

Willy Reinshagen • Rolf Borchardt • Michael Schaeffer
Ulf Degener • Rudolf Heym
Franz Neher • Detlef Winkler • Gert Schütze •
Günter H. Köhler • Gerd Nowak
Dieter Lindenblatt • Leonhard Bergsteiner

GeraMond

Titelbild: Dr. Karl Gerhard Baur

Abbildung Vorsatz: Leo Buschman

Abbildung Nachsatz: Rudolf Heym

CIP-Einheitsaufnahme
Erlebnisse am Schienenstrang
Rudolf Heym (Hrsg.) – 1. Auflage
München: GeraMond Verlag, 1998
ISBN 3-932785-96-7
NE: Heym, Rudolf

ISBN 3-932785-96-7

1. Auflage 1998

Lektorat: Rudolf Heym
Druck: Graphische Betriebe Eberl GmbH, Immenstadt i. Allgäu
Printed in Germany

Inhalt

Im Takt der Schienenstöße

Erinnerungen an damals

Auf dem Führerstand

Mit Eisenbahnfotografen unterwegs

Abseits der Magistralen

Im Takt der Schienenstöße

Ob Rauch dem guten Moselwein schadet? Zwei 44er überqueren 1969 bei Bullay die Mosel

Der Heizer Martin Heller putzt vor der Abfahrt in Gera noch einmal die Frontpartie seiner 01 2118

Eine Reise nach Ostpreußen 1938

Im Düsseldorfer Hauptbahnhof beginnt unsere Reise. Im April 1936 sieht es dort so aus: Links noch die alten, gewölbten Hallendächer, rechts bereits die neue, vollständig geschweißte Konstruktion

Im Frühjahr 1938 wird in meinem Elternhaus über eine beabsichtigte Reise an die ostpreußische Samlandküste gesprochen, die in den Sommerferien stattfinden soll und auf der ich meine Mutter begleiten werde. In mir breitet sich eine unbeschreibliche Freude aus, und in Gedanken eile ich der Zeit schon weit voraus. Nun, bis zum Reisetermin wird noch ein gutes Vierteljahr ungeduldigen Wartens vergehen. Da Landkarten und das mit finanziellen Opfern erworbene Reichsbahn-Kursbuch zu meiner beliebtesten Freizeitlektüre gehören, kann ich das Reiseziel auch mühelos finden. Mit diesen beiden Instrumenten bin ich nicht nur mit der engeren Heimat, sondern auch mit ferneren deutschen Landen stets gut verbunden.

Der Koffer ist nun gepackt und wird am Tag vor dem Reiseantritt der Gepäckabfertigung Düsseldorf Hbf zur durchgehenden Beförderung bis zum Zielbahnhof Rauschen übergeben. Der gesamte Komplex der Gepäck- und Expreßgutabfertigung im 1936 neu eröffneten Empfangsgebäude ist im Hinblick auf seine Ausstattung mit neuzeitlichster Technik beeindruckend und stellt auf diesem Dienstleistungssektor sicherlich das Fortschrittlichste dar, was auf unserem Kontinent zu der Zeit machbar ist.
Beamte im Annahme- und Ausgabebereich brauchen fast keinen Schritt mehr zu gehen. Den Korrespondenzweg zwischen ihnen und dem Abfertigungsbüro erledigen elektrische Laufkatzen, die mit Gepäckscheinen und Expreßgut-

karten an filigranen Gerüststangen hin und her schweben.
In Gedanken dem Tagesablauf schon weit vorausgeeilt, schreite ich mit meiner Mutter in aller Frühe des 6. August dem neuen Empfangsgebäude mit seinem 40 Meter hohen Uhrenturm entgegen, dann durch die große, moderne Bahnhofshalle zielstrebig auf den D 39 zu, den wir – vorbei an Bretterzäunen und hölzernen Behelfstreppen – auf dem im Umbau befindlichen Bahnsteig 5 antreffen. Bahnsteige und Hallendächer des alten Düsseldorfer „Central Personen Bahnhofs" von 1891 weichen ab Mitte der dreißiger Jahre modernen Neubauten. Alternativ zum neuen Empfangsgebäude entsteht hier eine bemerkenswerte technische Meisterleistung: Deutschlands erste vollständig geschweißte Bahnhofshalle, die nach der Fertigstellung mit ihrem Gebinde über alle sieben Bahnsteige reichen wird – 140 Meter breit und 175 Meter lang. Da die bewilligten Mittel leider nicht so sprudeln wie bei heutigen Vorhaben, kommen die Arbeiten nur schleppend voran.
Genug der Superlative über den Düsseldorfer Bahnhofsneubau. Mittlerweile sitzen wir im D 39 Düsseldorf – Berlin Potsdamer Bahnhof. Nach DR-internen Fahrplänen bringt die Zuglok der Baueihe 01 vom Bw Hamm die Wagengarnitur als Leerzug um 5.32 Uhr selbst zum Hauptbahnhof, und zwar aus dem drei Kilometer südöstlich liegenden neuen Reisezug-Abstellbahnhof. Der Zug besteht aus sechs alten „Preußen" der Bauart pr 08/09 (Die Zugbildung: 1 Pw-4ü, 2 C-4ü, 1 B-4ü, 2 C-4ü). Pünktlich um 5.44 Uhr macht sich der D 39 auf den Weg, und ein C-4ü wird für die nächsten 8 1/2 Stunden unser Zuhause sein.
Auf der „Ruhrschiene" zwischen Duisburg und Dortmund säumt zu der frühen Stunde das „schaffende Volk" die Bahnsteige der größeren und kleineren Bahnhöfe. Man reist in allen Richtungen zu den Arbeitsstätten im Revier. Wir bleiben von Pendlern verschont. Kein Wunder: Denn ein dichtes Netz von zuschlagfreien Zügen, allen voran die flinken Ruhrschnellverkehrszüge, erfüllt in den Flutstunden die Bedürfnisse des Verkehrsaufkommens im Ballungsraum Rhein-Ruhr.
Nach Dortmund verrät eine größere Baustelle die Fertigstellung eines neuen Reisezug-Abstellbahnhofs und den Baubeginn eines großen Bahnbetriebswerks. Die gesamte Anlage trägt später die Bezeichnung „Dortmund Betriebsbahnhof" (Bbf) und ist bis heute für die Bildung der Fernzüge nach Süddeutschland von Bedeutung. Bald darauf erreicht der D 39 den westfälischen Eisenbahnknoten Hamm, nicht bevor wir seinen links liegenden, mehr als fünf Kilometer langen und weit ausfächernden Rangierbahnhof tangiert haben. Mit einer Leistung von annähernd 10 000 Wagen/Tag ist er der wichtigste des Ruhrgebiets und der größte Deutschlands.
Was den Bahnbetrieb angeht, ist am Bahnsteig in Hamm allerhand los! Die 01 „hängt am Wasser". Ihr Tender wird aufgefüllt, weil das hier ablösende Lokpersonal bei dem fast 290 km langen Lokdurchlauf bis nach Hannover, in dem noch zahlreiche Halte bevorstehen, am Ende „um die letzten Tropfen im Tender kämpfen" müßte! Hinten schiebt eine preußische G 7.1, Baureihe 55.0–6, – sie ist in der Direktion Essen noch weit verbreitet – einen Teakholz-Speisewagen der Mitropa und noch einen C-4ü ans Zugende. Durch die Beistellung des roten Speisewagens stimmt nun auch das äußere Bild des Zuges. Denn bei manchen Leuten ist die Meinung verbreitet: „Da fehlt der Speisewagen – das ist kein D-Zug!"
Für die Mitropa-Speisewagenumläufe zwischen Köln und Berlin gilt folgende Regel (1939 zehn Zugpaare): Über Braunschweig – Magdeburg laufen nur ältere vier- und sechsachsige Fahrzeuge mit hölzernen Wagenaufbauten, während über die „Lehrter Bahn" (via Stendal) zur Berliner Stadtbahn ausschließlich modernere WR in Stahlbauweise der Lieferjahre ab 1928 und 1936 verkehren. Der Insider kann also bereits am Wagentyp des „rollenden Restaurants" den Laufweg des Berliner Schnellzuges erkennen!
Inzwischen befinden wir uns auf dem gut trassierten schnurgeraden Streckenabschnitt nach Bielefeld, der auch hohe Geschwindigkeiten zuläßt. Nur unser D 39 kommt nicht so recht voran. Schuld daran sind die in kurzen Abständen folgenden Provinzbahnhöfe dieser wirt-

Die 03 221 hat sich als Wendelok des Bw Dortmunderfeld im Bw Köln Bbf vor eine P 10 gesetzt und wartet (siehe Pufferaufschrift) auf die Rückleistung vor dem E 27 nach Dortmund. Aufnahme von 1937/38

schaftlich nicht unbedeutenden westfälischen Region, die unsere 01 mit 400 Tonnen Last am Haken zu einem kurzen Halt zwingen. Der Grund ist naheliegend: Unter Einbeziehung des Gegenzuges (D 40) wird Geschäftsreisenden in Ostwestfalen eine Tagesrandverbindung nach Berlin angeboten, mit einer Verweildauer von drei Stunden in der deutschen Hauptstadt. So müssen wir auf dem viergleisigen Abschnitt der legendären „Köln-Mindener Eisenbahn" zwischen Lippe und Weser einen mittleren Haltestellenabstand von nur 16 km hinnehmen! Durch die sich eng aneinander reihenden Bahnhöfe bis Stadthagen reduziert sich die Reisegeschwindigkeit des D 39 auf 66 km/h, was für einen Schnellzug im Flachland natürlich nicht berauschend ist.

Für die nächste Überraschung ist der Bahnhof Löhne gut. Auf der gegenüberliegenden rechten Bahnsteigseite wartet der E 285 von Münster nach Braunschweig (über Hameln) auf uns. So wird über den Knoten Löhne mit dem D 39 der Wirtschaftsraum Münsterland und Osnabrück mit Hannover und Berlin gut verbunden. Wir fahren zuerst ab, und so kommt auch die Zuglok des E 285 gut ins Blickfeld. Als junger Eisenbahnfreund bin ich für einen Augenblick fast sprachlos! Eine preußische S 10.2 (Baureihe 17.2) trägt am Führerhaus die Bw-Anschrift „Osnabrück-Gbf" – na sowas! Die Schnellzuglok hat man also einfach in ein Güterzug-Betriebswerk abgeschoben! Das habe ich in meiner rheinischen Heimat und auch anderswo noch nicht gesehen.

Nun endlich kommt Hannover in Sicht. Der reichlich bemessene Aufenthalt unseres Zuges von 16 Minuten zwingt mich förmlich zu einer Bahnhofsinspektion, und so eile ich von Bahnsteig zu Bahnsteig, um Zugbündel und Lokomotiven der 10-Uhr-Lage hautnah zu erleben. Darüber hatte ich mich bereits vor der Reise, dank des Kursbuchs, eingehend informiert. Mit dem ernstgemeinten Hinweis, rechtzeitig wieder im Zuge zu sein, gibt meine Mutter meinem Verlangen nach. Beim Verlassen des Abteils mustern mich die Mitreisenden eher mißtrauisch, fast so, als wenn mein ungewöhnliches Vorhaben gegen alle guten Sitten verstoßen würde! Wer interessiert sich auch schon für die Eisenbahn? Man betrachtet sie als notwendiges Übel um von A nach B zu kommen!

Eine recht frisch aussehende, wohl gerade erst aus dem RAW entlassene preußische S 10.1 der Bauart 1911 (Baureihe 17.10) vom Bw Hannover schiebt sich sachte an den E 188 nach Wesermünde-Lehe (dem heutigen Bremerhaven).

Jetzt schnell zum Ortswechsel auf die östliche Bahnhofsseite! Dort steht der D 86 nach Basel kurz vor der Abfahrt, dem eine 01 aus Bebra vorgespannt ist. Ich sehe den Kohlenberg auf dem Tender und konstatiere blitzschnell, daß die Lok bis Frankfurt am Main durchlaufen wird. Ach je, ist das aufregend! Gerne möchte ich das wissen, aber danach fragen? Nein! Die beiden Männer da oben im Führerhaus würden es mir bestimmt nicht sagen. Sie denken dann: „Was geht es den dummen Bengel da unten an, wie weit unsere Lok läuft, der ist wohl nicht ganz bei Trost!"

Ich blicke hinüber und denke an meinen D 39, damit ich seine Abfahrt ja nicht verpasse. Dabei hätte ich beinahe eine weitere, von Osten her herannahende 01 übersehen, die, wie sich schnell herausstellt, aus Kassel stammt und den E 67 von dort hereinbringt, zur Weiterfahrt nach Hamburg. Die 01 wird aber in Hannover wenden. Aber das ist nicht alles, Hannover bietet noch mehr! Kaum, daß der D 39 wieder auf Fahrt kommt, entdecke ich in der Streckengabelung von Lehrter- und Göttinger Bahn das Schnellzug-Betriebswerk Hannover (Ost) mit seinen maschinentechnischen Anlagen. Auf den Wartegleisen längs der Lehrter Strecke, so scheint es, stehen sich die auswärtigen Loks der Baureihen 01 und 03 fast im Wege. Ich stelle fest: Es wenden hier Lokomotiven der Bahnbetriebswerke Bebra, Göttingen P und Kassel (01) sowie Karlshorst (Berlin) und Altona (03). Letztere wendeten noch bis vor kurzem in Lehrte. Erst der Lückenschluß zwischen Celle und Langenhagen und die Betriebsaufnahme auf der 41 Kilometer langen sogenannten Hasenbahn am 15. Mai 1938 machte die Nord-Süd-Strecke durchgehend befahrbar, ohne lästiges Kopfmachen der Fernzüge in Lehrte und Hannover. Die Vollendung dieses wichtigen Abschnitts der Nord-Süd-Strecke ist immer wieder verschoben worden, weil die dafür aufzuwendenden Mittel in andere, wohl ebenso bedeutende Bauvorhaben flossen.

Unsere Hammer 01 haben wir in Hannover zurücklassen müssen. Sie wird sich bald zu den zahlreich in Reih und Glied stehenden Einheits-Schnellzuglokomotiven gesellen, die ich eben beim Bw Hannover Ost gesehen habe. Ein Blick ins Kursbuch klärt nämlich darüber auf, daß nach einer betrieblich wie wirtschaftlich vertretbaren Wendezeit in Braunschweig kein leistungsbezogener Rücklauf in den Rhein/Ruhr-Raum übernommen werden kann. Im allgemeinen gilt auf dem bisher beschriebenen Streckenverlauf folgende Bespannungsregel: 01 vom Bw Hamm (RBD Essen) befördern die Fernreisezüge von Köln bis nach Braunschweig. Zum Ausgleich der Leistungskilometer wenden 01 vom Bw Braunschweig (RBD Hannover) in Hamm. Zwischen Aachen/Köln und Hannover sind aber auch vereinzelt 01 der Betriebswerke Hannover und Köln-Deutzerfeld anzutreffen. Bleibt noch nachzutragen, daß man hin und wieder ein in die Hammer 01-Umlaufpläne eingebundenes Lok-Unikat zu sehen bekommt. Dabei handelt es sich um die einzige, nördlich des Mains beim Bw Hamm stationierte Turbinenlokomotive T 18 1001 (Krupp 1923).

An dieser Stelle soll nicht verschwiegen werden, daß es wegen des D 39/40 zwischen den Reichsbahndirektionen Wuppertal und Essen wiederholt zu Differenzen kam. Gestützt auf Zusagen, der Dienststelle Bw Düsseldorf-Abstellbahnhof die Bespannung des Zugpaares D 39/40 bis und ab Braunschweig zu übertragen, wurden dem Bw 1935 vier Neubaulokomotiven der Baureihe

03 (181–184) zugewiesen. Die Zuteilung scheiterte, wie auch jene spätere von 1936 mit den 03 226–229. Der Rbd Essen gelang es wohl, durch Unterstützung der mit ihr in enger Nachbarschaft lebenden Generalbetriebsleitung (Gbl) West, die D 39/40 beim Bw Hamm als Zugförderungsstelle zu belassen. Dazu muß man wissen, daß jede Dienststelle um ihren Besitzstand „kämpfte"! Da in Düsseldorf sonst keine der neuen 03 angemessenen Zugförderungsleistungen anfielen, fand jeweils nach nur kurzer Zeit die Abwanderung der neuen Maschinen, auf die die Dienststelle so stolz war, zu den Nachbar-Betriebswerken der Rbd Wuppertal in Hagen-Eckesey bzw. Wuppertal-Langerfeld, statt.
Langsam gleiten wir in den alten Braunschweiger Hauptbahnhof. Kaum daß der Zug hält, gibt es einen schwachen Ruck. Als Folge des Fahrtrichtungswechsels hat am hinteren C-4ü eine Lok angesetzt, um mit dem D 39 die noch zurückzulegende Strecke von 230 Kilometer bis Berlin zu bewältigen. Nach nur fünf Minuten sind alle betrieblichen Vorgänge am Zug beendet, und wir können schon wieder abfahren. Außerhalb der kleinen Bahnhofshalle festigt sich der Eindruck, als sei seit dem Bau des Kopfbahnhofs im Jahre 1845 nichts mehr hinzugefügt oder verbessert worden. Und ausgerechnet in diesem Jahr befaßt sich die Deutsche Reichsbahn zum ersten Mal mit Planungen zur Umgestaltung der Braunschweiger Bahnanlagen mit dem Ziel, einen Personenbahnhof in Durchgangsfom zu errichten. Doch erst 22 Jahre danach, am 1. Oktober 1960, kann die neue Anlage in Betrieb genommen und der alte Kopfbahnhof stillgelegt werden.
Unweit des Hauptbahnhofs, nur wenige Schritte neben einem alten, von Rauch geschwärzten Lokschuppen, sehe ich innerhalb weniger Minuten zum zweiten Mal zwei preußische S 10.2-Maschinen des Bw Braunschweig-H., die von flinken Händen der Maschinenputzer auf Hochglanz gewienert werden. Man möchte meinen, in Kürze müßte ein Sonderzug mit „allerhöchsten Herrschaften" bespannt werden.
Den Lesern, die es nicht wissen, sei gesagt: Die Lokomotivpflege bei der Deutschen Reichsbahn ließ im allgemeinen nichts zu wünschen übrig! Zahlreiche Maschinenputzer in den Bahnbetriebswerken sorgten ständig für ein tadelloses Aussehen der Lokomotiven.
Minuten später durcheilen wir eine Waldlandschaft. Das von Bäumen umgebene und anscheinend fern jeglicher Siedlung liegende Bahnhofsgebäude ist mit dem waidmännischen Stationsnamen „Grüner Jäger" beschildert. Und es ist noch gar nicht lange her, daß der D 39 durch den Bahnhof „Hämelerwald" auf Braunschweig zu fuhr. Nein, was gibt es doch für ausdrucksvolle und naturverbundene Stationsnamen.
Nach einer weiteren halben Stunde halten wir kurz in Helmstedt. Niemand im Zug und im weiten Land ahnt auch nur entfernt, daß hier zehn Jahre später vor einer innerdeutschen Grenze zu halten ist, die nach dem Willen östlicher Politiker den Reisenden fast Unmögliches abverlangt.
Bei der Einfahrt in den Magdeburger Hauptbahnhof beeindrucken mich die weiträumigen Bahnanlagen. Umherstehende Fahrzeuge beeinträchtigen jedoch die Sicht über zahllose Gleise hinweg zum Betriebswerk. Dennoch sind dort die Umrisse einer 01 und einer preußischen P 10 (Baureihe 39) auszumachen.
Bis über die Elbe beim Abzweig Biederitz begleiten uns nun die Oberleitungen der nördlichen Spitze des elektrifizierten mitteldeutschen Streckennetzes. Elektrische Lokomotiven habe ich nicht gesehen. Aus bestimmten Gründen wollte ich sie vielleicht auch nicht sehen. Denn diese „karrieresüchtigen Bügeleisen" haben auf ihrem weiteren Entwicklungsweg nichts anderes im Sinn, als den geliebten Dampflokomotiven die Arbeit streitig zu machen!
Bald ändert sich die Landschaftsstruktur, und wir fahren vorbei an Seen, rumpeln über Brücken der Havel mit ihren zahllosen Wasserläufen und Buchten. In Werder und Potsdam dampft so manche Tenderlok der Baureihe 74.4 vorbei, die auf den nichtelektrifizierten Strecken des Berliner Vorortverkehrs noch unentbehrlich sind. Sie sind auch in meiner rheinischen Heimat, wie auch in anderen ehemaligen preußischen Direktionsbezirken, weit verbreitet.

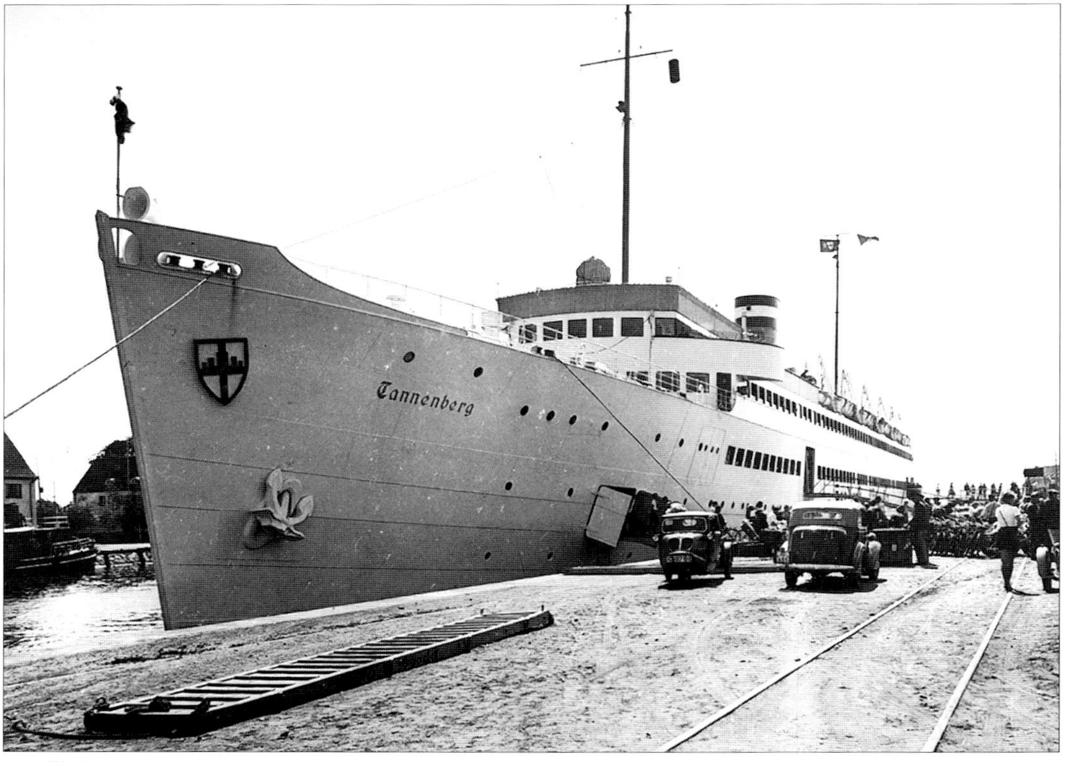

Das TS (Turbinenschiff) „Tannenberg" des Seedienstes Ostpreußen, gebaut bei der Stettiner Oderwerft 1935. Das Bild entstand 1939 an der Hafenmole in Pillau. 1941 sank das Schiff bei Öland durch eine Mine

Die Besiedlungsdichte nimmt sprunghaft zu, und die letzten 20 Kilometer „schießen" wir sozusagen mit beachtlichem Tempo – als wäre noch was nachzuholen – fast schnurgerade in den Stadtkern Berlins! Und hier befindet sich der D 39 auf einer Jubiläumsstrecke, die damals in wenigen Wochen 100 Jahre alt sein wird, die 1838 eröffnete Berlin-Potsdamer Eisenbahn.

Angesichts des jetzt rasch nahenden Zugendbahnhofs breitet sich im Abteil und Seitengang unseres C-4ü Wagens eine gewisse Unruhe aus. Nach 14 Uhr endet die 570 Kilometer lange und achteinhalbstündige Reise im D 39 von Düsseldorf – in der Bahnsteighalle des Potsdamer Fernbahnhofs zu Berlin. Angehalten wurde auf 24 Zwischenstationen, wodurch sich die Reisegeschwindigkeit auf 67 km/h reduzierte.

Beim Abgang vom Zug auf Bahnsteig B werfe ich schnell noch einen flüchtigen Blick auf unsere 01, die nur wenige Meter vom Prellbock entfernt steht. Gut lesbar, weil in Augenhöhe, ist am Führerhaus ihre Heimatadresse angeschrieben – „Braunschweig-H". Merkwürdig, kein Mensch nimmt Notiz davon! Vielmehr streben fast alle Reisenden gesenkten Hauptes der Bahnsteigsperre zu.

Nach wenigen Minuten stehe ich mit meiner Mutter am Rand des Potsdamer Platzes, nicht wissend, daß er der verkehrsreichste Platz Berlins – nein, sogar Europas ist (und heute die größte Baustelle des Kontinents)! Ein BVG-Doppelstockbus der Linie 5 bringt uns an diesem warmen Sommerwochenende durch das pulsierende Leben der Hauptstadt zum Stettiner Bahnhof, der nach dem zweiten Weltkrieg ein Opfer der politischen Verhältnisse werden wird.

Dem kundigen Leser bleibt nicht verborgen, daß der hier beginnende zweite Teil der Reise nicht über die kürzere Route der traditionellen preußischen Ostbahn erfolgte. Vielmehr ist ein

Stück Seeweg mit eingeplant worden. Und daher wird uns der an Samstagen verkehrende Saison-Bädereilzug E 141 nach Swinemünde an die Ostsee bringen. Es empfängt uns ein sogenannter Tausend-Türen-Zug, der angesichts seiner bemerkenswerten Länge von mehr als zehn preußischen Drehgestell-Abteilwagen (C-4 und BC-4 der Gattung pr 04/05) seine witzig-scherzhafte Bezeichnung sicher zu Recht trägt. Doch weniger froh stimmt uns der Umstand, daß der Zug 20 Minuten vor seiner Abfahrt schon „randvoll" besetzt ist. Nur durch Zusammenrücken einer freundlichen Abteilbesatzung bekommen wir im vorderen Zugteil noch einen Sitzplatz. Bei soviel Aufregung muß ich auf eine Lokinspektion leider verzichten. Doch bei einem kurzen neugierigen Blick nach vorne erkenne ich die Umrisse einer preußischen S 10.1 der Bauart 1911, eine Schnellzuglok, die mit ihren Radkästen und dem de Glehn-Triebwerk etwas fremdartig aussieht.

Um die 800 Fahrgäste dürften gut und gern im Zuge sein, rechne ich später mal nach. Es ist verflixt eng und warm im Coupé, und die Fahrgäste hinter den zahllosen Wagentüren, zum allergrößten Teil auf den blanken Holzbänken der preußischen Vierachser, haben alle ein gemeinsames Ziel vor Augen, nämlich das sonnige Wochenende am Ostseestrand zu verleben. So wartet die große Schar Reiselustiger an diesem heißen Samstag nun geduldig auf die bevorstehende Abfahrt des E 141. Als diese nun endlich erfolgt, legt der Zug nach wenigen Minuten noch einen kurzen Halt im Bahnhof Gesundbrunnen ein.

Obwohl ich auf den so begehrten Fensterplatz diesmal verzichten muß, fällt, kaum daß die Zugmasse wieder in Bewegung geraten ist, der Blick durch das schmale Türfenster unerwartet auf den Halbrundschuppen des Bw Gesundbrunnen. Mit für derartige Szenen geübten Augen erfasse ich mindestens ein halbes Dutzend P 8, Baureihe 38.10, mit Ordnungsnummern über 3000, die nebeneinanderstehend mit ihrer Tenderrückwand die offenstehenden Schuppentore preußischen Baustils ausfüllen. Nun nimmt eine Situation ihren Anfang, die das Herz eines jeden Eisenbahnfreundes höher schlagen läßt, denn die Lok mit ihren „alten Preußen" und einem Zuggewicht von gut und gern 400 Tonnen begibt sich auf eine 200 Kilometer lange „Ohne-Halt-Fahrt" bis auf die Insel Usedom. Der erste planmäßige Halt wird in Swinemünde sein. Durch Eberswalde und Angermünde, vorbei an oft nicht enden wollenden Kiefernwäldern, „hämmern" wir im Rhythmus über die Schienen der Uckermark und des Pommerschen Landrückens. Die S 10.1 mit ihrem Vierzylinder-Verbundtriebwerk ist gerade die richtige Zugmaschine für solch eine anspruchsvolle Aufgabe.

Bei einer Reisegeschwindigkeit von 77 km/h rückt die Ostsee Stück um Stück näher. Im Vergleich zu der Fahrt im D 39, mit einer 01 an der Spitze, ist die Reisegeschwindigkeit des E 141 schon beachtlich. Man bedenke, daß hier und da baulich und betrieblich begründete Geschwindigkeitsbeschränkungen das Reisetempo nachhaltig beeinflussen. Um die entstehenden Fahrzeitverluste angesichts der beachtlichen Zuglast wieder auszugleichen, muß der Lokführer, wo es erlaubt ist, eine Fahrgeschwindigkeit von 90–100 km/h anstreben.

Auf der neuen, 1934 fertiggestellten, 360 Meter langen Hubbrücke bei Karnin, die das vorpommersche Festland mit der Insel Useden verbindet, queren wir den Peenestrom. In den letzten Kriegstagen 1945, als russische Truppenverbände bereits bis Mecklenburg vorgedrungen sind, veranlaßt die von blindem Zerstörungswahn besessene deutsche Armeeführung die Sprengung dieses bemerkenswerten Eisenbahn-Bauwerks. Ein Wiederaufbau der Karniner Brücke scheitert in unseren Tagen wohl auch weiterhin an den Kosten und den verkehrspolitischen Begleitumständen.

Kurz vor 18 Uhr erreichen wir mit dem E 141 Swinemünde (heute polnisch: Swinoujscie), den Endpunkt unserer zwölfstündigen Bahnreise. Bevor wir uns vom Bahnhof abwenden und mit leichtem Gepäck den Fußweg zum Hafen antreten, donnert der Saisoneilzug E 34 von Wolgaster Fähre in den Bahnhof herein, dessen P 8 vom Bw Gesundbrunnen eine über 200 km lange

Der 1930 fertiggestellte Nordbahnhof in Königsberg; links das Amtsgericht, in der Mitte das Polizeipräsidium. Vom Nordbahnhof gingen auch die Züge der Samlandbahn nach Warnicken und Cranz ab

Strecke von Heringsdorf bis zum Stettiner Bahnhof in Berlin zu bewältigen hat, was mich als 15jähriger Lokomotivnarr natürlich besonders beeindruckt. Nicht mal einen Langlauftender wie die S 10, mit dem vielfach P 8 in solchen Diensten gekuppelt sind, besitzt die Berliner Lok.

In Gedanken damit beschäftigt, daß die P 8 vielleicht eine defekte S 10 ersetzen muß und ebenso die lange Bahnreise nochmal Revue passieren lassend, trottele ich mit meiner Muter durch die Stadt der Swine entgegen zum Seedienstbahnhof. Am Kai, unweit der Swinemündung in die Ostsee, erwartet uns das von der Hamburg-Amerika-Linie (HAPAG) im Seedienst Ostpreußen verkehrende Turbinenschiff „Tannenberg". Zeitgleich mit unserem Reiseantritt in Düsseldorf hat es in Kiel zur Fahrt über die Ostsee abgelegt. Und um 19 Uhr heißt es auch hier: „Leinen los" zum nächtlichen Kurs entlang der pommerschen Küste und durch die Danziger Bucht nach Ostpreußen. In ihrer Größe gleicht die schmucke weiße „Tannenberg" mit 5500 BRT und 8000 PS beinahe einem Hochseeschiff. Vereint mit seetüchtigen Schiffen des Norddeutschen Lloyd und der Stettiner Dampfschiffsgesellschaft bilden sie einen maritimen Verbund im Ostpreußen-Seedienst. Jetzt in der Hochsaison werden die Schiffskurse bis ins Baltikum und nach Helsinki ausgedehnt.

Die Geschichte der Entstehung des „Seedienst Ostpreußen" ist schnell beschrieben, und sie ist auf das engste verflochten mit den Schienenwegen in den Osten des Deutschen Reiches. Da die Verkehrsverbindungen zwischen dem Reich und Ostpreußen durch den 1919 gebildeten polnischen Korridor nicht befriedigten, unterstützte die deutsche Regierung die Schaffung einer krisenfreien Alternative über die See unter Umgehung polnischen Hoheitsgebiets. Mehrfach

Die Lok 14 der Ostdeutschen Eisenbahngesellschaft (Samlandbahn)

kommt es auch zu Differenzen zwischen der Polnischen Staatsbahn (PKP) und der Deutschen Reichsbahn (DRG) über die Abgeltung der durch die PKP erbrachten Verkehrsleistungen, wodurch der Zugverkehr durch den polnischen Korridor nach Ostpreußen empfindlich gestört wird und zeitweise sogar zum Erliegen kommt. Weiter noch: Trotz steigender Reisetendenz schränkt Polen 1936 die Zahl der zur Durchfahrt durch polnisches Gebiet (Korridor!) vorgesehenen deutschen Züge nach Ostpreußen ein. Unter diesen Gegebenheiten bildet der „Seedienst Ostpreußen" eine unverzichtbare Stütze im Verkehr zwischen dem sogenannten „Reich" und Ostpreußen.

Am Mittag des folgenden Tages macht die „Tannenberg" nach 17stündiger Seefahrt am Pier des ostpreußischen See- und Marinehafens Pillau backbordseitig fest. Vor dem Ausschiffen fällt von der hochliegenden Reeling der Blick auf die mir zu Füßen liegenden Gleisanlagen des Seedienstbahnhofs in Pillau. Da stehen doch in Reih' und Glied drei P 8 mit ihren aus preußischen Abteilwagen der Lenkachsbauart gebildeten Zügen und warten auf die Übernahme der Schiffspassagiere. Die Wagenreihung jedes Zuges übertrifft die sonst übliche Länge eines Personenzuges bei weitem. Das wiederum läßt den Schluß zu, daß seitens des Zugbildungsbahnhofs Königsberg für eine ausreichende Sitzplatzkapazität gesorgt wurde.

Wir sitzen inzwischen im beschleunigten Saison-Personenzug 177, der im Zugfolgeabstand als letzter den Pillauer Seedienstbahnhof verläßt. Während die beiden vorausfahrenden Züge im Hauptbahnhof Königsberg (dem heutigen russischen Kaliningrad) enden, um die Fahrgäste in die Stadt bzw. zur Weiterreise in ostpreußische Provinzen zu entlassen, fahren wir direkt auf den Königsberger Nordbahnhof zu, auf dem unser P 177 nach einer Fahrzeit von ca. 50 Minuten endet.

In enger Nachbarschaft zu der einfachen Verkehrsanlage der Reichsbahn steht das eindrucksvolle Empfangsgebäude der hier beginnenden privaten Ostdeutschen Eisenbahn-Gesellschaft (OEG), auf deren Schienen wir die letzten 43 Kilometer bis zur Samlandküste in

Eine Standseilbahn überwand in Rauschen den Höhenunterschied zwischen Düne und Strand

Rauschen Düne zurücklegen werden. Die niedrigen Bahnsteige, in Erdplanierung und ohne Überdachung, stehen deutlich im Widerspruch zu dem erst acht Jahre alten und eleganten Bahnhofsneubau, dem Verwaltungssitz der OEG, der einem modernen Theater- oder Museumsbau alle Ehre machen würde. In diesem stattlichen Gebäude haben die Russen nach 1945 ein Seemannsheim (!) eingerichtet.

Der Zug Nr. 12 nach Neukuhren, Rauschen, Warnicken steht bereit, dessen endlos scheinende Wagengarnitur aus einem Sammelsurium Plattformwagen unterschiedlichster Bauarten und Baujahre besteht. Ich sehe mich noch eine Weile auf dem Bahnsteig um; es herrscht absolute Stille an diesem heißen Sonntagmittag. Doch dann tauchen die Umrisse einer Tenderlok auf, die sich rückwärtsfahrend vorsichtig an unseren Zug schiebt. Mit meiner Neugier stelle ich fest, daß es eine gefällige 1'C1'-Lok der OEG ist, die unsere „Fuhre" nun bald zum gewünschten Ziel bringen wird. Abermals beschleunigt, sozusagen im nebenbahnüblichen Eilzugtempo, durchfährt Zug 12 der „Samlandbahn" auf seinem Weg zu den Stränden an Ostpreußens Bernsteinküste die in kurzen Abständen folgenden ländlichen Bahnhöfe und Haltepunkte des Samlandes. Mit respektablen 47 km/h Reisegeschwindigkeit halten wir nach zurückgelegten 35 Streckenkilometern zum ersten Mal in Neukuhren. Unser Reiseziel Rauschen (heute russisch: Swetlogorsk) liegt nun zum Greifen nahe. Noch eine letzte Viertelstunde, dann treffen wir in Rauschen Düne ein, einer ländlichen Kopfstation, in der die Gleise am Prellbock und im Sand enden. Während sich die 1'C1'-Lok flott ans andere Zugende setzt, um noch schnell die letzten vier Zugkilometer bis Warnicken zurückzulegen, verlassen wir nach 33 Stunden kombinierter Bahn- und Seereise den Zug und den netten Landbahnhof, nun wohl nicht mehr so ganz frisch an Körper und Geist.

Zwei Wochen später:

Ein Samstagmorgen, wir schreiben den 20. August. Mutter und Sohn sind mit dem beschleunigten Personenzug P 3 der Samlandbahn nach Königsberg angereist. Durch die morgendliche Stadt bringt uns die Trambahnlinie 4 vom Nordbahnhof zum neuen, im wesentlichen zehn Jahre zuvor fertiggestellten Hauptbahnhof, der mit seinen repräsentativen Verkehrs- und Betriebsanlagen im September 1929 in Betrieb gegangen war. Wir steigen zum Bahnsteig hinauf, wo uns die Zuggarnitur des frühzeitig bereitgestellten Saison-Schnellzuges D 104 nach Berlin Stadtbahn schon erwartet. In Zeiten verstärkten Reisens im Ostpreußenverkehr entlastet der Neun-Wagen-Zug den D 4 Tilsit – Berlin in Vorzuglage. Wir belegen unsere beiden Plätze in einem C-4ü-Wagen des vorderen Zugteils, was sich für mich als Lokomotiv-Statistiker später noch als Vorteil erweisen wird. Die Abfahrtszeit rückt mächtig heran, und nun lautet die Frage: Wo bleibt nur unsere Lok? Draußen im westlichen Bahnhofsvorfeld steht eine Königsberger 03 und wartet offensichtlich vergeblich aufs Vorrücken an den Bahnsteig zum D 104. Die Zeit läuft, und die Maschine rührt sich nicht vom Fleck! Ob wohl eine Weichenstörung die Ursache ist – oder was sonst? Der Verspätungsgrund bleibt natürlich betriebsinternes Geheimnis der Deutschen Reichsbahn, wie es auch heute noch meistens der Fall ist. Zur Ehrenrettung muß aber gesagt werden, daß eine Verspätung bei der damaligen DR zur absoluten Seltenheit gehörte. Die Stille unter der dreischiffigen Bogenhalle wird plötzlich durch das Poltern eines einfahrenden Zuges unterbrochen. Später, daheim beim Blättern im Kursbuch stelle ich fest, daß es der E 30 aus Prostken war, der sogar einen Kurswagen von Warschau mitbrachte. Ja, Prostken steht auch als Beheimatung an dieser alten P 8 (BR 38.10). Garbeschlot und Führerhaus zeichnen sie als einen Veteranen der ersten Baulose aus. Und überhaupt, Prostken? Das habe ich noch nie gehört! Zum Glück gibt es aber in jedem Seitengang eines Schnellzugwagens eine Übersichtskarte mit dem gesamten deutschen Eisenbahnnetz zur Ansicht. So läßt sich der kleine Marktflecken Prostken leicht als Ostpreußens südöstlicher Grenzbahnhof zu Polen ermitteln. Um eine P 8-Stationierung reicher geworden, kommt unser D 104 mit mäßiger Verspätung nun allmählich in Fahrt. Vorbei am Königsberger Haltepunkt Ponarth tangieren wir linksseitig den Güterbahnhof, der ganz sicher von hochrangiger Bedeutung ist für Zugbildungsaufgaben in der gesamten Provinz Ostpreußen. Am Ablaufberg, wie auch an anderen Stellen des Gbf, rangieren die Tenderloks der preußischen Gattung T 13 (Baureihe 92.5) vom Bw Königsberg. Vor den auf Strecke gehenden bzw. befindlichen Güterzügen, sowohl hier wie auch in Braunsberg und Elbing, sieht man nur preußische G 10 (Baureihe 57.10).

Nach der Ankunft in Marienburg (Westpr) läßt unsere Königsberger 03 den Zug stehen. Sie kehrt später mit einem Schnellzug „aus dem Reich“ nach Königsberg zurück. Die betriebliche Situation stellt sich nun wie folgt dar: Der Ausgang des ersten Weltkriegs verschaffte dem jungen polnischen Staat, geregelt durch den Versailler Vertrag, den für Handel und Wirtschaft gewünschten Zugang zur Ostsee dadurch, daß Gebietsteile der preußischen Provinzen Posen und Westpreußen vom Deutschen Reich an Polen abgetreten werden mußten. In zahlreichen Zusatzabkommen mit Polen, u.a. auch zwischen der PKP und DRG, wurde vereinbart, daß die Zugförderung im sogenannten „Korridorverkehr“ auf dem 115 km langen Abschnitt Marienburg – Konitz allein Aufgabe der PKP sein soll. Während des Lokwechsels taucht neben den Seitengangfenstern eine polnische Schnellzuglokomotive auf, die sich mit zischenden Zylinderhähnen fast im Schrittempo nach vorne schiebt. Es ist eine 1'D1'-Lok der Reihe Pt 31, das steht als Reihenbezeichnung an ihrem Führerhaus, und ihre Stationierung ist auch ablesbar: „Chojnice“, auf deutsch Konitz. Ihre stahlblaue Lackierung und ausgezeichnete Pflege beeindrucken in der strahlenden Mittagssonne. Schade, ein so einmaliges Erlebnis müßte man fotografisch auf Dauer festhalten können.

Pünktlich ist sie gerade nicht, denke ich, wenn sie jetzt erst unseren verspäteten D 104 an den Haken nehmen will. Als aber Sekunden später unter unserem Waggon geräuschvoll die Bremsen lösen, wird mir klar, daß die soeben gesehene Pt 31 für den in Kürze eintreffenden D 4 nach Berlin bestimmt sein wird. Ihre besten Zugpferde setzt die PKP also für den Korridorverkehr vor deutschen Zügen ein. Zu diesem Zeitpunkt weiß man aber noch nicht, daß die polnische Pt 31 in naher Zukunft auch bei der Deutschen Reichsbahn Karriere machen wird. Nach der Besetzung Polens im Herbst 1939 greift der Maschinendienst der DR, der sich mit den betrieblichen Vorzügen des „Vierkupplers“ vertraut macht, nach dieser einfachen und robusten Zwillingslok. So finden wir die Maschine im Krieg, nunmehr als DR-Baureihe 19.1, auf den Strecken Königsberg – Schneidemühl (Bw Dirschau) und Posen – Berlin-Grunewald (Bw Posen). Darüber hinaus wird sie bis Kriegsende auch vor schweren Schnellzügen auf unseren Mittelgebirgsstrecken heimisch (z.B. Frankfurt/Main – Nürnberg – Passau – Wien). Und gerade in solchen Diensten loben die Personale diese leistungsstarke Maschine, und sie sind zufrieden, sich auf den steigungsreichen Streckenabschnitten nicht mit den „Pazifikloks“ (01 und 03) abmühen zu müssen.

Inzwischen fahren wir durch die ehemalige deutsche Provinz Westpreußen. Weichselniederung und Teile der Tucheler Heide liegen hinter uns. Die Wagentüren unseres „privilegierten“

Zuges (d.h. ohne Zoll- und Paßnachschau) bleiben während der Fahrt durch den polnischen Korridor verschlossen. Das polnische Zugpersonal auf diesem Abschnitt ist korrekt und ausgesprochen höflich, ganz im Gegenteil zu manchen DR-Zugbegleitern – man muß es leider mal sagen – die ihre Fahrgäste oft als lästig empfinden und sie nicht selten grob und in barschen Tönen angehen. Gegen 14 Uhr liegt der Lokomotiv- und Zugbegleiterwechselbahnhof Konitz hinter uns, und in wenigen Minuten verlassen wir bei Firchau polnischen Boden. Weiter geht's über die ehemals preußische Ostbahn. Bei der jetzt spürbaren Fahrweise des Zuges entsteht erstmals der Eindruck, als wolle der Lokführer die nicht gerade gewichtige Verspätung des D 104 aufholen. Nachdem es wieder gemächlicher zugeht und die Besiedlung an Dichte zunimmt, treffen wir kurz darauf in Schneidemühl ein. Die Hoffnung in mir, auf dem noch vor uns liegenden längeren Weg bis Berlin hier bei einem Lokwechsel nahe dran zu sein, wird erfüllt! Flink verlasse ich den Zug, und am Pw-4ü vorbei sind es auch nur ein paar Schritte bis nach vorn. Gerade in diesem Moment verläßt die Schneidemühler 03 008 den Zug und übergibt ihn sogleich an eine Schwestermaschine vom Bw Berlin-Grunewald. 03 196 heißt diese Lok. Jedenfalls ist das die niedrigste Betriebsnummer einer 03, die sich mir in breiten Alu-Ziffern vorstellt, sinne ich nach. Ach herrje – ist das alles wichtig für einen „verrückten" jungen Eisenbahnnarren!

Noch fahren wir in mäßigem Tempo durch die Randbezirke Schneidemühls und den sich im Westen ausdehnenden Güterbahnhof. Wie ich sehe, besorgen zwei preußische T 16.1 (Baureihe 94.5) vom Bw Schneidemühl Vbf das Rangiergeschäft. Als einzige Streckenlokomotive erwische ich gerade noch eine polnische Güterzuglok der Gattung Ty 23 (eine 1'Eh2-Bauart, wie ich später ermittle), die gerade dabei ist, mit einem längeren Güterzug auf Strecke zu gehen, bestimmt grenzüberschreitend auf Bromberg (Bydgoszcz) zu. Von dieser Lok geht der gute Ruf aus, sie sei leistungsfähiger als alle preußischen Güterzugloks. Das mag ja wohl stimmen; denn als ihre Lieferung 1923 einsetzte, hatten die aus einer früheren Entwicklungsstufe stammenden Preußenloks (G 8, G 10, G 12) zum größten Teil schon einige Jahre auf dem Buckel. Hinzu kommt, daß die Ty 23 ein Produkt der Berliner Maschinenbau-Gesellschaft Schwartzkopff ist.

In Schneidemühl ist die 03 196 mit ihrem D 104 zu einer 247 km langen Ohne-Halt-Fahrt bis nach Berlin aufgebrochen. Das stellt sich doch ein bißchen anders dar, als die vor nicht langer Zeit wahrgenommene Erklärung eines Pädagogen, der seine Schüler wissen ließ: Eine Dampflokomotive müsse alle 20–30 km geölt werden! Auf meinen Einwand, woher er dieses Wissen habe, erklärte er mir, solche Handlungen bei Museumsbahnen gesehen zu haben – na, dann ist ja alles klar!

Was für ein Bild wird der Jugend von den Leistungen einer Dampflok vermittelt? Unser D 104 läuft und läuft! Irgendwo zwischen Kreuz und Landsberg zwingt uns eine größere Baustelle zur Fahrt auf dem Gleis der Gegenrichtung. Wir „rutschen" auf diesem längeren Streckenabschnitt aber überall ohne Halt durch. Heute weiß ich, daß ein solcher Betriebszustand in der Eisenbahnfachsprache als „signalisierter Falschfahrbetrieb" bezeichnet wird.

Die 740 km lange preußische Ostbahn entstand in zahlreichen, nicht zusammenhängenden Bauabschnitten in den Jahren 1851 bis 1873. Das Streckenstück Kreuz – Küstrin, das wir jetzt befahren, wurde gut 80 Jahre zuvor, am 12. Oktober 1857 vollendet. Davon ausgehend, daß noch weitere Langsamfahrstellen (z.B. in größeren Bahnhöfen wie Kreuz, Landsberg, Küstrin mit seinen Oderbrücken und Berlin) betriebsbedingt die Grundgeschwindigkeit des D 104 verlustreich einschränken, kommt man bei der Zugrundelegung der Gesamtfahrzeit Schneidemühl – Berlin zu der Erkenntnis, daß der Heizer immer gut Dampf machen und durchweg alle zwei Minuten einen Zentner Kohle verfeuern muß, damit der Lokführer auf den langen Geraden seine Geschwindigkeitsanzeige ständig auf 110–120 km/h halten kann. Bei der Fahrt durch den Hauptbahnhof Küstrin-Neustadt fällt mir auf, daß die Anlage in zwei Ebenen, als

Die 19 123, Bahnbetriebswerk Posen, aufgenommen 1941. Sie ist eine jener 1931 entwickelten 1'D1'h2-Lokomotiven der polnischen Reihe Pt 31, die auch bei deutschen Personalen sehr beliebt war

sogenannter Turmbahnhof konstruiert ist. Die Ostbahn kreuzt hier beinahe rechtwinklig die darunter befindliche Strecke von Stettin nach Schlesien. Ähnliche Bahnhofsanlagen, allerdings größer in ihren Ausmaßen, finden wir auch in Osnabrück und in Köln-Deutz. Gleich darauf folgen in kurzen Abständen drei Brückenbauwerke zur Überwindung des Oderstroms mit seinen verzweigten Flußläufen.

Noch eine Stunde bis Berlin! Die hohen Kiefernwälder der Märkischen Schweiz sowie die draußen wie drinnen im Zuge sich zunehmend ausbreitende Unruhe nähren den Verdacht, daß Deutschlands Hauptstadt nun in greifbare Nähe rückt. Flott geht's durch Strausberg, Endpunkt des dampfbetriebenen Berliner Vorortverkehrs an der Ostbahnstrecke. Einige der flinken preußischen T 12 (Baureihe 74.4), die als Berliner Stadtbahnlokomotiven einen legendären Ruf besitzen, beherrschen hier die Betriebsszene am Spätnachmittag.

Strausberg, Rehfelde und die alte preußische Ostbahn; das ist zu dieser Berichtszeit auch bevorzugtes Freizeitterrain des berühmten Eisenbahnliteraten und Lokomotivfachmanns K. E. Maedel. In seiner weit über 30 Jahre alten und unterhaltsamen Geschichte drückt er es so aus: „Die Ostbahn, det is meine stille Liebe!" Und er hat recht – ich stimme ihm voll und ohne Einschränkung zu.

In Berlin-Rummelsburg vereinigen sich die Ostbahngleise mit den Ferngleisen der Frankfurter Bahn. Diese wichtige Strecke dient dem Verkehr mit Schlesien und auch mit Polen über Neu Bentschen und Posen. Mit lautstarken Motoren kommen nun auch die S-Bahnzüge daher, deren Zielstationen in Erkner, Mahlsdorf, Potsdam und Spandau liegen. In wenigen Augenblicken taucht unser D 104 in die bereits weithin sichtbare Bogenhalle des Schlesischen Bahnhofs in Berlin ein.

Politische Umstände zwangen dazu, daß die Deutschen Weltmeister in der Bahnhofsumbenennung wurden. Nach dreimaliger Namensändung seit Kriegsende heißt der alte Schlesische Bahnhof nun wieder Ostbahnhof.

Den ersten Teil unserer langen Heimfahrt beenden wir kurz nach 18 Uhr auf dem Bahnhof Friedrichstraße. Der D 104, dem ich auf der nicht wiederkehrenden Reise von Königsberg bis Berlin so manche interessante eisenbahnkundliche Begegnung verdanke, wird in Kürze sein Ziel Berlin-Charlottenburg erreichen und dann als Leerzug dem Betriebsbahnhof Grunewald zugeführt. Hier steht die Nachschau und Aufrüstung für den nächsten Tag an. Dann geht er wieder auf große Fahrt über die unendliche Weite der Ostbahnstrecke ins ferne Ostpreußen, diesmal als Gegenzug D 101. Unbestritten weiß das Lokpersonal auch, was es mit seiner 03 196 in mehr als zwölfstündiger Dienstdauer an Leistung vollbracht hat, und die beiden Männer sehen nach Abrüstung der Lok dem verdienten Feierabend entgegen.

Feierabend! Nicht aber für Mutter und Sohn aus dem Rheinland, die sich bei Aschingers Restaurationsbetrieb erst einmal für die noch bevorstehende nächtliche Reise in die Heimat stärken werden. Beizeiten begeben wir uns mit der S-Bahn über die Stadtbahnstrecke zurück zum Schlesischen Bahnhof, um bei der Bereitstellung des Nachtschnellzugs D 8 nach Köln vor Ort zu sein – des guten Platzes wegen, versteht sich. In Erwartung unseres Zuges, der mit seinen Post-, Gepäck-, Sitz- und Schlafwagen erst später aus dem Zugbildungsbahnhof Rummelsburg abgelassen wird – alles läuft genau nach Plan – gehen mir tatsächlich noch zwei „große Fische" ins Netz, womit unsere Reise für mich einem besonders guten Abschluß entgegengeht. Erfreulicherweise laufen mir in der nächtlichen Beleuchtung des Schlesischen Bahnhofs zwei durchaus noch als neu zu bezeichnende 01er vor die Füße – welch ein glücklicher Zufall! Zunächst taucht die 01 155 (Bw Breslau-H.) mit ihrem schweren internationalen D 40 aus Oberschlesien (Kurswagen aus Triest und Belgrad) in die Bahnhofshalle ein. In Gedanken mit diesem Erlebnis noch beschäftigt, werde ich kurz danach auch noch von der 01 207 (Bw Schneidemühl Pbf) überrascht, die den Fernschnellzug FD 6 (nur mit Wagen der Polsterklasse) aus Königsberg hereinbringt. Die 01, infolge ihrer hohen Achslast (20 t) auf der Stadtbahnstrecke zwischen dem Schlesischen Bahnhof und Charlottenburg nicht zugelassen, wenden sich dem am östlichen Rande Berlins befindlichen Bw Karlshorst zu und überlassen ihre Züge den bereitstehenden preußischen P 8. Sie, auch hier als „Mädchen für alles" im Einsatz, schleppen nun die Zuglasten (beim D 40 sind es bis zu 500 Tonnen) über die am 7. Februar 1882 eröffnete windungsreiche, den inneren Kern Berlins querende und elf Kilometer lange Stadtbahnstrecke nach Charlottenburg. Danach finden die Züge und ihre Loks Aufnahme im Abstellbahnhof und Bw Grunewald, wie bei dem um Stunden vorausgegangenen D 104. Nach einer kürzlich über einen längeren Zeitraum erfolgten Vollsanierung der Stadtbahnstrecke mit den den Bahnkörper tragenden Bauwerken sind irgendwelchen Lastbeschränkungen wohl keine Grenzen mehr gesetzt.

Mutter und Sohn haben es sich inzwischen auf den sauberen Holzsitzen eines 3.-Klasse-Wagens (C-4ü) im D 8 nach Köln für die Nachtfahrt gemütlich gemacht. Unsere ermüdeten Körper kommen dem Wunsche nach etwas erholsamem Schlaf bald nach. Und so vergeht die achtstündige Reise nach Düsseldorf recht schnell. Als der Tag erwacht, stecken wir wieder im pulsierendem Leben des Ruhrgebiets. In meinem morgendlichen Dämmerzustand werfe ich kaum noch einen Blick auf das Geschehen neben mir auf den Gleisen. Als wir zur Frühstückszeit die uns so vertrauten „alten vier Wände" wiedersehen, geht eine erlebnisreiche Ferienreise mit vielen neuen und schönen Eindrücken zu Ende.

1945: Viermal Bremen – Passau

Ein Blick über das schwer zerstörte Köln im Sommer 1945. Mit der Hohenzollernbrücke ist ein Lebensnerv des Verkehrs zerstört. Eine Reise durch das Land kann Wochen dauern in jenen Tagen

Es sind nun mehr als 50 Jahre her, daß ich als werdender kaufmännischer Angestellter meine ersten Geschäftsreisen unternehmen sollte. Ich war im Juli 1945 aus amerikanischer Gefangenschaft nach Hause zurückgekehrt, körperlich natürlich, wie alle Frühheimkehrer, in sehr desolatem Zustand. Ich wog bei 1,98 m Größe etwas über 110 Pfund und war kaum in der Lage, eine Treppe hinaufzugehen, ohne daß es mir schwarz vor den Augen wurde. Ein Arzt des Arbeitsamtes schrieb mich zwar arbeitsfähig, aber am zweiten Tage meiner Verwendung als Schiffsentlader in Bremerhaven brach ich ohnmächtig zusammen. Der Vertrauensarzt der AOK in Bremen schrieb mich erst einmal für vier Wochen krank, verlängerte dann die Genesungszeit um weitere 14 Tage, so daß ich mich wenigstens körperlich so einigermaßen erholen konnte.

Meine Mutter päppelte mich mit Brot und Kartoffeln, so daß ich in den ersten vier Wochen pro Tag ein Pfund an Körpergewicht zunahm. Woher Mutter Brot und Kartoffeln besorgte, ist mir heute noch ein Rätsel, denn es war ja alles rationiert, und selbst wenn man Marken hatte, war die Beschaffung häufig mit Schwierigkeiten verbunden. Aber Mutter hat während des Krieges und unmittelbar nach der Kapitulation so vielen Menschen geholfen, daß sie Brot- und Kartoffel-Marken geschenkt bekam. Auch muß ich ja entsetzlich ausgesehen haben, dürr wie eine Bohnenstange und dazu noch kaum richtig

bekleidet, da ich ja aus allen Zivilkleidern herausgewachsen war.
So Ende August 1945 war ich dann soweit, daß ich wieder arbeiten konnte. Da mich meine Lehrfirma nicht wieder eingestellt hatte, wurde ich zu öffentlichen Arbeiten herangezogen. Denn ohne Arbeit gab es keine Lebensmittel-Marken, es sei denn, man war krank. Ich mußte einsturzgefährdete Häuser absichern, teilweise auch einreißen, die noch aus den Bombennächten stehen geblieben waren, eine nicht ganz ungefährliche Arbeit, vor allem, wenn man bedenkt, daß man so gut wie kein Werkzeug zur Verfügung hatte, es war wirklich abenteuerlich. Ende September erwischte es mich dann auch. Beim Einreißen eines Dachstuhles eines Einfamilienhauses stürzte der gesamte Schornstein mit Dachboden und 1. Stock in sich zusammen, bevor ich das Haus verlassen hatte. Ich fand mich dann in der Straßengosse sitzend wieder, war wohl kreidebleich und blutete aus mehreren Schürfwunden, aber sonst war mir erstaunlicherweise nichts weiter passiert. Der Vorarbeiter schickte mich nach Hause, dort reinigte ich mich erst mal und ging dann am Nachmittag zu meiner Lehr-Firma, mit der Forderung, mich wieder einzustellen, selbst ohne Lehrlingsgehalt (damals 20 – 40 Reichsmark im Monat in den verschiedenen Lehrjahren). Ich mußte ja eine Arbeitsstelle haben, sonst gab es keine Lebensmittel-Marken, aber ich wollte auch unbedingt einen Lehrabschluß erarbeiten, denn mir fehlte ja noch das dritte Lehrjahr.
Die Lehrfirma stellte mich dann auch ein, so daß ich ab 1. Oktober 1945 meine durch den Kriegsdienst unterbrochene Lehrzeit fortsetzen konnte. Im Roh-Tabak-Handel war zu der Zeit natürlich überhaupt nichts los. Den Chef, Sohn eines bremischen Senators, hatten die Amerikaner, gleich nachdem sie die Enklave Bremen eingerichtet hatten, eingesperrt und in ein Lager nach Westertimke verbracht, wo fast die ganze bremische Wirtschaftsführung, egal ob Nazi oder nicht, versammelt war. Ich bin damals zwei mal mit der Kleinbahn „Jan Reiners" nach Tarmstedt gefahren und von dort zum Lager gelaufen, um meinem Chef Decken und verschiedene andere Sachen zu bringen, die mit Hilfe des Wachpersonals auch richtig den Empfänger erreichten. Nach der zweiten Fahrt Ende November 1945 suchte mich die Kriminalpolizei, weil der Unterstützungsring in Westertimke wohl aufgeflogen war und die Mittelsmänner bestraft werden sollten, aber da war ich schon unterwegs nach Passau, und dies hat folgende Vorgeschichte:
Meine Lehrfirma handelte vor dem Kriege mit Rohtabak und hatte in Passau ein umfangreiches Lager von Orienttabak. Dieses Lager war natürlich von den Besatzungs-Amerikanern beschlagnahmt worden, aber wie das nach dem Kriege so war, ganz Passau und Umgebung rauchte diesen Tabak, der durch irgendwelche dunklen Kanäle aus dem Lager geschmuggelt wurde.
Die Mitarbeiter der Firma waren natürlich alle starke Raucher und so lag es nahe zu versuchen, etwas von diesem Tabak nach Bremen zu bekommen. Ein Versuch im Spätsommer durch zwei Herren aus Bremen war allerdings gescheitert. Nun sollte ich Ende November 1945 mein Glück versuchen. Ausgerüstet mit Fahrterlaubnis-Schein, entsprechenden Legitimations-Papieren für die Speditionsfirma in Passau, bei der der Tabak immer noch lagerte, und Fahrkarten für die Hin- und Rückfahrt sollte ich mein Glück versuchen und einige Kilo Tabak aus unserem ehemaligen Besitz organisieren und nach Bremen expedieren.
Der einzige D-Zug, der bis Frankfurt durchlief, fuhr abends um 10 Uhr. Ich ging also sehr rechtzeitig von zu Hause fort, da der Zug sehr voll sein sollte. Platzkarten oder so etwas ähnliches gab es damals noch nicht. Bewaffnet mit meinem kleinen Köfferchen fuhr ich das letzte Stück ab Parkbahnhof mit der Straßenbahn, hatte aber das Pech, daß ich am Bahnhof in eine Polizei-Kontrolle kam, die dem Unwesen des Schwarzhandels Einhalt bieten sollte. Ehe ich mich versah, fand ich mich in einer „Grünen Minna" wieder, die mich zum Polizeipräsidium in der Innenstadt brachte, wo ich dann verhört wurde. Meine Harmlosigkeit stellte sich ja schon aufgrund der mitgeführten Papiere heraus und ich durfte nach Hause gehen. Aber der D-Zug war natürlich weg.

Am nächsten Tag folgte der neue Anlauf. Ich hatte am Vortage erfahren, daß der besagte D-Zug wahnsinnig voll sei, auch der Andrang zu diesem Zug auf dem Bahnsteig wäre unvorstellbar. Man hatte mir geraten, mit der Straßenbahn nach Burg zu fahren (ein Vorort von Bremen, ca. zwölf Kilometer vom Zentrum in Richtung Bremerhaven). Dieser Rat war gar nicht schlecht. Der Zug hielt zwar nur ganz kurz und war schon proppevoll, aber ich konnte mich noch hineinzwängen, an einen Sitzplatz war natürlich nicht zu denken.

Und so fuhr ich nun in die dunkle Nacht hinaus, Licht im Zuge gab es nicht, es zog wie Hechtsuppe, da die Scheiben teilweise durch Sperrholzplatten mehr schlecht als recht ersetzt worden waren. Ich hatte einen Platz gegenüber dem Eingang erwischen können, wo ich mein Köfferchen hochkant stellte und so noch einigermaßen zum Sitzen kam. Mir gegenüber war die Toilette, die allerdings wohl schon ab Bremerhaven von vier Personen besetzt war. Die Scheibe der Tür, vor der ich saß, war heil, so daß ich nach draußen sehen konnte. Aber viel gab es ja nicht zu sehen. Kaum ein Licht, denn teilweise gab es noch keinen Strom, die Leute saßen bei Kerzenlicht und gingen abends früh zu Bett.

Die Fahrt ging über Verden, Nienburg, Wunstorf nach Hannover, das wir nach endloser Fahrt schließlich erreichten. Man darf ja nicht vergessen, daß die Strecke nur notdürftig von den Folgen des Krieges repariert worden war, über verschiedene Brücken wurde im Schrittempo gefahren. Von Hannover war nicht viel zu sehen, Trümmer, Trümmer, Trümmer soweit das Auge bei den wenigen Lichtquellen überhaupt reichte. Auf dem Bahnsteig natürlich fürchterliches Gedränge, ich aber saß ja recht gut auf meinem Koffer.

Endlich ging die Fahrt weiter. Ein Fahrplan existierte nicht. Wahrscheinlich wurde gefahren, wenn die Strecken frei waren, die ja teilweise nur eingleisig waren. Schließlich erreichten wir über Göttingen Eichenberg, die Grenzstation zwischen der britischen und amerikanischen Zone. Die Alliierten hatten Deutschland ja in vier Besatzungszonen aufgeteilt, ganz Niedersachsen u.a. war britisch, lediglich Bremen als Enklave war amerikanisch besetzt. In Eichenberg auf dem Bahnsteig standen denn auch die amerikanischen „GI's", klopften mit langen Peitschen gegen die Waggons und riefen: „Get out". Alles mußte aussteigen, stand dann auf dem Bahnsteig, und jeder einzelne wurde auf Reisepapiere, Fahrkarten etc. kontrolliert. Bei dieser Kontrolle wurde mir aus der Brieftasche, die ich vorweisen mußte, mein Legitimations-Schreiben an die Passauer Spedition fortgenommen. Auf meinen Protest hin wurde mir erklärt, daß das Befördern von Briefen außer durch die Post verboten sei. Als ich dagegen Einspruch erheben wollte, hieß es „Shut up!", und schon wurde ich zu einem Haufen geschubst, der wohl auch irgendwie den Unwillen der „GI's" erregt hatte. Die meisten Insassen des Zuges durften wieder einsteigen, ein langer Pfiff, und ich sah meinen Zug Richtung Frankfurt entschwinden.

Was nun? Der Bahnsteig leerte sich, auch die Amis waren auf einmal verschwunden, wohl um die unterbrochene Nachtruhe fortzusetzen. Bei einem Bahnbeamten erkundigte ich mich nach den Möglichkeiten einer Weiterfahrt nach Frankfurt. Gott sei Dank kam dann auch beim ersten Morgengrauen ein Bummelzug in Richtung Kassel. Die Strecke über Bebra – Würzburg war für den Zivilverkehr gesperrt. Ich bin dann auch richtig schön langsam über Frankfurt, Würzburg, Nürnberg, Regensburg nach Passau gefahren, das ich nach drei Tagen todmüde erreichte.

Da ich am späten Mittag in Passau eingetroffen war, konnte ich mich noch am gleichen Tage mit dem Spediteur in Verbindung setzen. Mein Besuch dort war allerdings enttäuschend, war doch der verantwortliche Lagerverwalter zwei Tage vor meiner Ankunft von den Amerikanern verhaftet worden. Die einen behaupteten: Wegen Nazi-Zugehörigkeit, die anderen: Der hat ja auch „geschoben". Meine Aussichten, an Tabak heranzukommen, waren also denkbar schlecht.

Die Firma hatte aber für mich ein Zimmer im Gasthaus „Zum grünen Baum", ganz in der Nähe, reserviert, so daß ich mich dort erst einmal gründlich waschen konnte. Auch für das leibliche Wohl wurde dort gesorgt.

Zu den größten Güterabfertigungen der Reichsbahn gehörte die in Köln Gereon. 1945 wurde sie nach den alliierten Luftangriffen ein Raub der Flammen. Hinter den Wagenskeletten im Dunst das Hansa-Hochhaus

Passau, Grenzstadt zwischen Deutschland und Österreich, war damals eine Stadt mit ca. 25 000 Einwohnern. Vom Krieg hatte sie nicht viel mitbekommen. Der Grieben-Reiseführer aus späteren Jahren schreibt, die Zerstörungen des zweiten Weltkrieges waren nicht erheblich und sind beseitigt (1969). Es war für mich ein komisches Gefühl, durch die Straßen zu gehen, wo es keinen Bombenschaden gab. Die Läden hatten geöffnet und es gab vieles zu kaufen, wovon wir in Bremen nur träumten. Ich denke da vor allem an Obst und Gemüse. Die ländliche Umgebung machte sich eben bemerkbar, es gab in der Nähe ja keine Großindustrie, verbunden mit großen Siedlungen, wo die Beschäftigten wohnen konnten. Hier ging alles noch gemächlich zu, jeder kannte jeden.

Meine Mission stand wohl unter einem schlechten Stern, der Lagerverwalter wurde nicht so schnell entlassen, eine Verbindung zu ihm kam nicht zustande, und so bin ich denn nach drei Tagen vergeblichen Wartens wieder in Richtung Bremen gestartet. Von der Rückfahrt ist eigentlich wenig zu berichten. Sie dauerte und dauerte. An Würzburg kann ich mich noch sehr gut erinnern. Der Zug kam kurz nach 22 Uhr auf dem Bahnhof an. Alles mußte aussteigen, sich zu einer Marschkolonne formieren, die sich dann vom Bahnhof in Richtung Feste Marienberg in Bewegung setzte, in deren unterirdischen Kasematten zum Übernachten primitive Drahtbetten aufgestellt worden waren, wo die Zugreisenden die Nacht verbringen sollten. Alles bewacht von MP-bewaffneten GI's. Dieser Marsch durch die total zerstörte Innenstadt ist mir bis heute in Erinnerung geblieben.

Würzburg war so ziemlich am Schluß des Krieges, am Abend des 16. März 1945, in 20 Minuten durch Brandbomben und Phosphor zerstört worden, tagelang brannte die Stadt, die 82 Prozent der Häuser verlor. Trotz ihrer 42 Lazarette und ohne wichtige Rüstungsbetriebe wurde sie

verwüstet, da sie ein wichtiger Verkehrsknotenpunkt zwischen dem Norden und Süden Deutschlands war.
Am anderen Morgen ab 6 Uhr konnten die Reisenden wieder zum Bahnhof zurück, auch ich versuchte mein Glück und bin dann über Frankfurt – Kassel – Göttingen – Hannover nach Bremen zurückgefahren.
Jetzt im Nachhinein frage ich mich wie man damals eigentlich seine menschlichen Bedürfnisse befriedigt hat. Gewiß gab es auf den größeren Bahnhöfen Rote-Kreuz-Stationen, wo man einen Teller warme Suppe bekommen konnte, wenn man Glück hatte, sogar ohne Marken, aber in den größeren Städten, die ja alle mehr oder weniger zerbombt waren, war der Einkauf von Reiseproviant schon ein großes Problem. Fand man schließlich einen Bäcker, war der gerade ausverkauft oder hatte den Tag mangels Rohmaterial geschlossen. An Obst oder Gemüse war überhaupt nicht zu denken. Heute glaube ich, daß man die meiste Zeit einfach gehungert hat. Auch die sanitären Verhältnisse waren schlicht eine Katastrophe. Toiletten auf den Bahnhöfen waren zerbombt oder in einem Zustand, daß man sie nicht benutzen mochte, in den Zügen waren die Toiletten meist auch nicht zu gebrauchen, weil sie häufig noch als zusätzliche Reiseplätze gebraucht wurden. Auch war ein Durchkommen von der Mitte der langen Durchgangswaggons zu den Enden, wo die „Klos" sich befanden, bei der überdichten Besetzung der Züge unmöglich.
An meine zweite Fahrt nach Passau mit dem gleichen Auftrag, Tabak zu organisieren, kann ich mich kaum noch erinnern. Die Reiseroute war dieselbe, nur wurde mir ein Küpergeselle mitgegeben, damit ich mich auf der Reise und auch in Passau etwas besser bewegen könnte. Dies erwies sich aber als Trugschluß, denn schon auf der Hinfahrt wurde der junge Mann in Kassel beim Umsteigen verhaftet, weil er beim Durchgang durch die Sperre, die es damals ja noch gab, eine amerikanische Zigarette rauchte, was den Militär-Polizisten (MP-GIs) mißfiel. Erst nach langem Palaver, vielen Erklärungen usw. bekam ich den Mann wieder frei, der Anschlußzug war natürlich inzwischen ohne uns abgefahren.
Ansonsten habe ich, wie gesagt, kaum eine Erinnerung an diese Fahrt, es war Winter, teilweise lag Schnee, in den Zügen war es bitterkalt, da die Heizungen nur selten funktionierten. Auch in Passau war es schwierig, für zwei Personen Quartier zu bekommen, wir mußten in verschiedenen Gasthöfen übernachten, der junge Mann in der Ilz-Stadt, ich in der Alt-Stadt. Die Fahrt dauerte wieder drei Tage hin und fast drei Tage zurück. Erreicht habe ich gar nichts, der besagte Verwalter saß immer noch auf Nummer sicher, die Freilassung stand in den Sternen.
Man fragt sich heute, weshalb solche Reisen nicht besser abgesprochen worden waren, muß aber bedenken, daß man damals nur sehr schwierig telefonieren konnte, Fernschreib-Möglichkeiten gab es noch nicht, es wurde also telegrafiert, was auch mit Schwierigkeiten und Mißverständnissen verbunden war. So war diese Reise ein Reinfall.
Ich selbst erinnere mich aber noch der Tatsache, daß ich im Februar 1946 meine schriftliche Kaufmanns-Gehilfenprüfung ablegen mußte. Die Prüfungs-Klausuren wurden in der Schule an der Delme-Straße geschrieben, die zwar heil, aber nicht beheizbar war. Wir saßen also in den Klassen, im Mantel, Hut oder Mütze auf dem Kopfe und schrieben unsere Aufgaben in kaufmännischem Rechnen, Schriftverkehr, Buchführung und einen Fach-Aufsatz über Tabak. Die Hände waren so steif, daß man kaum den Federhalter halten konnte, und doch, diese Arbeiten wurden erledigt. Über 25 Jahre später beklagten sich Lehrlinge, die ich als Ausbildungsleiter zu betreuen hatte, über die so schwierigen Aufgaben, auf die sie sich ja drei Jahre vorbereiten konnten. Als ich ihnen erzählte, daß ich nach über dreijähriger Soldatenzeit nur wenige Monate zur Vorbereitung hatte, hielten sie dies für einen Scherz und haben mir nicht geglaubt, daß die gestellten Aufgaben die gleichen waren.
Im Mai 1946 bin ich dann zum dritten Mal Richtung Passau gestartet. Angeblich sollte der Verwalter des Lagers freigekommen sein. Ich wurde also mit allem Notwendigen ausgerüstet. Die

Reise sollte diesmal über München gehen, um in der bayerischen Hauptstadt im Innenministerium zu intervenieren. Nun war es wieder warm, auch sollten sich die Fahrmöglichkeiten verbessert haben.

Der Zug fuhr gegen Abend von Bremen weg, und die Fahrt ging wieder über Hannover und Göttingen nach Eichenberg, wo die übliche Kontrolle durch die Amerikaner erfolgte. Der Zug war in Bremen schon ziemlich voll, in Hannover und Göttingen stiegen die Menschen teilweise durch die Fenster ein, da die Eingänge zu den Waggons einfach verstopft waren. In Eichenberg hieß es nun wieder „Get out", alles mußte raus, und die übliche Visitation begann. Ich war ja nun gewarnt und zeigte nur das unbedingt Notwendige. Schließlich konnte man wieder einsteigen, aber ich hatte den Eindruck, daß der Waggon jetzt wirklich übervoll war. Ölsardinen in der Büchse haben es bestimmt bequemer, es war einfach fürchterlich. Langsam setzte sich der Zug in Bewegung, diesmal nicht über Kassel, sondern über Bebra – Würzburg. Auf einmal ein Schrei: Meine Brieftasche ist weg, ein weiterer folgte, und so ging es weiter, dem einen fehlte die Aktentasche, dem anderen wurde der Hut vom Kopf gerissen, Geldbörsen verschwanden mitsamt den Fahrkarten, Jacken wurden gestohlen usw. – das alles in stockfinsterer Nacht ohne Beleuchtung im Zuge bei einer Enge, daß man kaum den Arm heben konnte. Ich hatte mich in Eichenberg gar nicht erst um einen Sitzplatz bemüht, sondern saß auf meinem hochgestellten Koffer auf der anderen Seite der Eingangstür, gegenüber der Toilette, die natürlich auch wieder mit mehreren Menschen vollgestopft war. Auf einmal griff eine starke Hand über meinen Schoß an den Gurt zum Öffnen des Fensters, öffnete dieses und krabbelte über meine Schenkel durch das Fenster nach draußen auf das Trittbrett. Drei, vier anderen Kerle folgten und standen dann auch draußen. Der Zug fuhr jetzt ganz langsam über die Werra-Brücke bei Oberrieden, die auch im Kriege gesprengt worden war und jetzt notdürftig repariert wurde. Gleich nach dieser Brücke, der Zug fuhr immer noch ganz langsam, sprangen die Leute vom Trittbrett ab und verschwanden in der dunklen Nacht. Die spätere Zonengrenze war ja nur wenige hundert Meter entfernt.

Obwohl ich persönlich keinen Schaden davontrug, war die Situation äußerst unangenehm, man konnte ja auch nicht helfen, da die Kerle körperlich in jeder Beziehung einem überlegen waren. Auch ich hatte allerhand Geld bei mir, es waren mehrere Tausend Mark, trug meine Armbanduhr am Handgelenk usw., es war einfach scheußlich. Auch dachte ich an meinen Auftrag, der Anfang der Reise sah ja damit nicht sehr vielversprechend aus.

In München angekommen, begab ich mich zum Innenministerium, wurde dort ans Wirtschaftsministerium verwiesen, und auch dort war niemand bereit, mir in irgend einer Weise zu helfen. Ich hatte den Eindruck, daß die Beamten auch gar nicht helfen wollten, der Tabak lag ja in Bayern. Man hatte natürlich kein Interesse, ihn nach Norddeutschland gelangen zu lassen, und den „Sau-Preußen" gönnte man diese ja äußerst rare Ware schon gar nicht. Im übrigen sei der Tabak ja auch von den Amerikanern beschlagnahmt, also Feindvermögen, man könne also nichts für mich tun – fertig.

Ich bin dann am Nachmittag nach Passau weitergefahren, ziemlich hoffnungslos, dort noch etwas zu erreichen. Ich fand mein Hotel-Zimmer wieder im Gasthaus „Zum grünen Baum" in der Höllgasse, ganz in der Nähe des Rathausplatzes. Am nächsten Tage war ich dann beim Spediteur, der die Tabake immer noch in seinem Lager hatte. Man machte mir dort dann aber doch Hoffnung, etwas von der Ware loseisen zu können, ich müßte nur Zeit haben, da verschiedene Faktoren zusammenkommen müßten, um die Sache doch noch zum Klappen zu bringen. Und so hieß es also warten, warten, warten. Passau ist ja eine wunderschön gelegene Stadt am Zusammenfluß von Donau, Inn und Ilz. Und so sah ich mir all die Schönheiten gründlich an. Ich durchstreifte die Altstadt mit den vielen alten Bauten, sah den Dom mit der größten Orgel der Welt, die bischöfliche Residenz und den Wallfahrtsort „Maria Hilf" auf der Inn-Seite der Stadt. Auch die Feste Oberhaus auf der Ilz-Seite der

Stadt habe ich mir angesehen mit der Feste Unterhaus am Bergabhang. Das Wetter war herrlich, es war warm, die Sonne schien den ganzen Tag. Auch die Verpflegungsmöglichkeiten waren sehr viel besser als bei den ersten beiden Fahrten. Nur war die Stadt sehr stark mit ungarischen Soldaten belegt, die auf deutscher Seite gekämpft hatten und noch nicht in ihre Heimat zurück konnten. Sie bevölkerten die Plätze der Stadt und die Promenaden an Donau und Inn und warteten eben genau so wie ich.

An einen Abend kann ich mich noch sehr gut erinnern. Ich kam von einem meiner langen Spaziergänge hungrig in den Gasthof, als der Wirt mir sagte, er hätte den Abend frischen Seefisch. Für mich fast unvorstellbar. Obwohl wir in Bremen ja nicht weit von der Fischstadt Bremerhaven entfernt wohnten, gab es nur äußerst selten Zuteilungen an Fisch, meistens in Form von Heringen. Aber frischer Seefisch – unvorstellbar! Ich brauchte auch keine Marken dafür abzugeben und bekam soviel Portionen, wie ich wollte. Ich habe damals so richtig geschwelgt und mich ordentlich satt gegessen.

Nach Tagen endlosen Wartens tat sich ganz geheimnisvoll etwas: Bei einem meiner Besuche bei dem Spediteur wurde mir eröffnet, daß man Glück gehabt habe und mehrere Ballen besten Orient-Tabaks habe bei Seite schaffen können. Nun wurde beratschlagt, wie ich den Tabak am besten nach Bremen verfrachten könnte. Der Spediteur wollte mit dem Versand nichts zu tun haben, so kam ich auf die Idee, den Tabak in drei Kisten zu verpacken und als Haushaltsgut deklariert nach Bremen zu expedieren. So wurde es dann auch getan. Ein Tischler wurde beauftragt, drei feste Kisten in entsprechender Größe anzufertigen, natürlich gegen Tabak-Lieferung. Der Tabak wurde darin ordentlich verpackt und dann ging es per Pferde-Fuhrwerk ab zur Bahn. Dort machte man ein bedenkliches Gesicht, als ich von Haushaltsgut sprach, aber eine Handvoll Tabak löste auch dieses Problem und man versicherte mir, daß, wenn die Kisten erst einmal angenommen seien, sie auch ihren Bestimmungsbahnhof erreichen würden. So gab ich mein Umzugsgut per Eilfracht auf und war froh, endlich wieder nach Bremen zurückkehren zu können, war ich doch inzwischen fast drei Wochen in Passau.

Auf meiner Rückfahrt nach Bremen habe ich denn auf den verschiedenen Bahnhöfen in Regensburg, Nürnberg, Würzburg nachgeschaut, ob meine riesigen Kisten noch da waren. Sie waren es, erst in Frankfurt (Main) verlor ich die Spuren, aber man versicherte mir, daß sie wohl bereits auf dem Weg nach Bremen seien. Sie sind auch glücklich in Bremen angekommen und wurden von mir mit einem Handwagen von der Bahn abgeholt und ins Stadtkontor der Firma verbracht. Dort löste die Fuhre natürlich große Begeisterung aus.

Der Tabak wurde von einer kleinen Firma ordnungsgemäß verzollt und versteuert, zu Zigaretten-Feinschnitt verarbeitet und in 50-Gramm-Päckchen verpackt. Jeder der Mitarbeiter bekam einen angemessenen Haufen dieser Päckchen, so daß man Gelegenheit bekam, sich Lebensmittel dagegen einzutauschen. Wenn ich diese Möglichkeiten nicht gehabt hätte, wer weiß, ob ich überhaupt die Zeit überstanden hätte. Die Versorgung im Jahre 1946 war katastrophal, und wir gingen einem der härtesten Winter des Jahrhunderts entgegen. Aber das wußten wir damals ja noch nicht.

Für mich war der Sommer 1946 in sofern ereignisreich und mit Spannung geladen, als ich endlich meine mündliche Kaufmanns-Gehilfenprüfung vor der Handelskammer in Bremen ablegen konnte. Ich bestand die Prüfung mit Auszeichnung, worüber ich sehr froh war, denn nun konnte ich meine bisherigen Zeugnisse aus der Schule beiseite legen, mit dem Prädikats-Ergebnis und einem Lehrzeugnis einer der renommiertesten Bremer Tabak-Firmen hatte ich gute Chancen, einen Job als kaufmännischer Angestellter zu bekommen. Aber vorläufig hatte ich die Stellungssuche noch nicht nötig, die Lehrfirma übernahm mich als Angestellten mit einem Monatsgehalt von RM 75,–; für heutige Begriffe unvorstellbar, man darf aber nicht vergessen, daß die Lebensmittel, die man auf Marken zugeteilt bekam, höchstens einen Gegenwert von 40,– bis 50,– Reichsmark hatten.

1946 ist das Portal des Kölner Hauptbahnhofes noch von den Wunden des Krieges gezeichnet. Gleichzeitig sind die ersten Ansätze von Reparaturen und beginnenden Lebens – zu Fuß natürlich – sichtbar

Im August reiften dann die Pläne zu einer neuen Fahrt nach Passau. Ich sollte mein Glück noch einmal versuchen und weiteren Tabak organisieren. Wieder wurden die nötigen Papiere und Fahrkarten besorgt und los ging die Reise, die nun auch schon etwas schneller verlief als im Dezember 1945. Ich langte nun schon nach zwei Tagen in Passau an und nahm wieder Quartier im Gasthaus „Zum grünen Baum" am Anfang der Höllgasse. Mein Besuch beim Spediteur erfolgte natürlich prompt, aber man machte mir nur sehr wenig Hoffnung. Man hatte das Tabak-Lager dort wohl zu sehr geplündert, so daß die Wachen verstärkt worden waren. Aber man schickte mich noch nicht wieder nach Hause, es hieß wieder einmal warten, warten, vielleicht ergab sich doch noch eine Gelegenheit. Ich benutzte die Wartezeit zu ausgiebigen Touren in Passau selbst und auch der weiteren Umgebung. Es war ja Sommer, herrliches Wetter hatte ich, den ganzen Tag schien die Sonne.

Bei einem meiner Spaziergänge in Richtung Hals entdeckte ich auf einem Acker einen amerikanischen Jeep mit laufendem Motor. Kein Mensch war in der Nähe, ich stellte dann erst einmal den Motor ab, nahm den Zündschlüssel an mich und begab mich zu dem ca. 100 Meter entfernten Bauernhaus. Die Bäuerin empfing mich sehr freundlich und erzählte mir, der Jeep stünde dort schon einige Tage, ihre Buben hätten am Morgen dort gespielt und wohl irgendwie den Motor in Gang gesetzt. Sie würde froh sein, wenn „der Karren" dort endlich von ihrem Acker verschwinden würde. Ich versprach, ihr zu helfen und wanderte nach Passau zurück. Bei der MP-Station war der Wagen schon als vermißt gemeldet, und ich wurde gebeten, sie zur Fundstelle zu führen. Ruck-zuck standen zwei Jeeps vor der Tür, besetzt mit je drei Soldaten, natürlich bewaffnet mit Maschinen-Pistolen, und los ging die Fahrt unter Sirenen-Geheul und mit irrem Tempo. Bald waren wir da und die Soldaten sagten, das wäre der Wagen vom „Red Cross“, dem amerikanischen Roten Kreuz. Nun ging es zurück nach Passau, wieder im Höllen-Tempo und entsprechender Lautstärke. Es wurde ein Protokoll aufgenommen, das ich auch unterzeichnen mußte, man registrierte meinen Ausweis, dann war die Angelegenheit für die MP's erledigt. Aber nicht für mich. Ich hatte den Gesprächen der GI entnehmen können, daß der Wagen der Kommandantin des Roten Kreuzes gehörte und nun wollte ich von der Dame, wie in Deutschland üblich, meinen Finderlohn haben. Ich machte den Soldaten dies klar, die mich dann auch mitsamt dem Wagen zum Hotel „Stadt Wien“ beförderten, wo die Leiterin des „Red Cross“ residierte. Ich habe sie dann auch gesprochen und bekam als Finderlohn eine Stange Zigaretten, also 200 Stück. Damit war ich ein reicher Mann, denn die Stange hatte damals auf dem schwarzen Markt einen Gegenwert von ca. 1000 bis 1200 Mark! Nun konnte ich mir so einige Sachen erlauben, die es eben nur auf dem Schwarzen Markt gab, wie z.B. Butter und Wurst. Auch mein Wirt profitierte davon, und meine Rechnung habe ich mit diesen Ami-Zigaretten bezahlt.

Leider war mein Aufenthalt in Passau nicht von Erfolg gekrönt. Es ließ sich einfach nichts mehr machen, die einmal vorhanden gewesenen Lücken waren dicht. So habe ich mich wohl nach etwa 14 Tagen wieder auf die Heimreise gemacht.

Die Verhältnisse in Deutschland hatten sich zwischenzeitlich etwas normalisiert, man brauchte nicht mehr drei Tage für die Fahrt Passau – Bremen, aber es gab immer noch keine geregelte Fahrmöglichkeit von Würzburg ab nordwärts. Dies hing damals wohl mit der Nähe der sowjetischen Besatzungszone zusammen. Als ich nun in Würzburg ankam, wo ich eigentlich Richtung Frankfurt hätte weiterfahren müssen, stand abfahrbereit ein Güterzug in Richtung Bebra auf einem der Gleise. Das war die Gelegenheit, ich packte mein Köfferchen und verschwand einfach in einem der Bremserhäuschen eines Güterwaggons. Kaum saß ich, ging die Fahrt auch schon los. Bei herrlichem Wetter bin ich dann

Der Verkehr rollt wieder: In Solingen-Ohligs läuft zu Beginn der fünfziger Jahre die 78 385 (Bw Lennep) ein. Die Reisenden genießen die Sonnenstrahlen, bevor sie in alten Wagen davonrumpeln

nach Bebra gefahren und konnte mir so richtig in Muße die herrliche Gegend, durch die der Zug fuhr, ansehen. In Bebra war Lokwechsel, und bei der Inspektion des Zuges wurde ich entdeckt, da ich aber einen gültigen Fahrausweis hatte, machte der Heizer kein großes Theater, sondern lud mich zu einer Fahrt auf der Lok bis Göttingen ein. Nun wurde es richtig interessant für mich, ich war zwar schon einmal als Soldat 1943 von Walk nach Riga auf einer sogenannten Kriegs-Lok mitgefahren, aber so eine Gelegenheit würde mir nie wieder geboten, darüber war ich mir im Klaren. Von der Technik habe ich natürlich nicht viel verstanden, aber das Zusammenspiel zwischen Lokführer und Heizer habe ich bewundert, der Heizer mußte ja auch noch die Kohlen schaufeln, heute erlebt man dies nur noch auf den Museums-Eisenbahnen. In Göttingen trafen wir so gegen 21.30 Uhr ein, ich bedankte mich für die Mitfahrgelegenheit mit einem Päckchen „Ami-Stengel" und lief, so schnell ich konnte, in Richtung Geismarer Landstraße. Ich wollte meine Schwester in Groß-Schneen besuchen, die dort als Kindergärtnerin tätig war. Und um 22 Uhr war dort noch Sperrstunde.

Ich habe die 15 Kilometer bis Groß-Schneen dann auch ganz gut geschafft, mußte zwar etliche Male im Straßengraben Deckung nehmen, weil britische Militärfahrzeuge unterwegs waren, aber diese sah man ja schon von weitem, damals fuhren die Autos auf den schlechten Straßen ja auch noch nicht so schnell.

Und so gegen Mitternacht erreichte ich dann Groß-Schneen, meine Schwester erwartete mich am Dorfrand, natürlich gut getarnt, die Wiedersehensfreude war groß, sah ich meine Schwester doch seit dem Frühjahr 1944 zum ersten Mal wieder. Wie ich sie von meiner Ankunft unterrichtet habe, ist mir heute noch ein Rätsel, aber Postkarten wurden damals verhältnismäßig sicher und schnell befördert. Telefonieren konnte man damals noch nicht, die meisten Fernämter waren ja zerstört und es wurde damals noch mit der Hand weitervermittelt.

Von meiner weiteren Fahrt ab Göttingen nach Bremen ist nichts mehr zu berichten. Sie verlief problemlos. Und so endeten meine ersten Geschäftsreisen als kaufmännischer Lehrling und Jung-Commis.

Eine römische Liebe

Leipzig Hauptbahnhof 1995. Endlich ist sie wieder da...

Eisenbahnfahren und menschliche Kontakte knüpfen – das gehörte schon immer zusammen. Und es soll ja sogar Leute geben, die nur derentwillen in den Zug steigen. Es muß ja auch nicht unbedingt mit dem höchsten der Gefühle enden, deren menschliche Geschöpfe fähig sind. Reden und Reden lassen kann unter Umständen den Therapeuten ersparen, und ein heftiger Flirt wirkt besser als jedes Weckamin.
Es begann am Morgen vor dem Heiligen Abend im Jahre 1989 – im Schnellzug D 302 München – Berlin. Kein besonderer Zug, aber doch ein Zug mit Besonderheiten, die inzwischen Geschichte geworden sind. Es war die Zeit der Wende, für viele Deutsche der Beginn einer neuen Ära – nach 44 Jahren Teilung und Eisernem Vorhang. Die Mauer war noch nicht gefallen, hatte aber seit dem 9. November Löcher und Durchgänge bekommen.
Gut neun Stunden brauchte der D 302 für die knapp 700 Kilometer von München über Nürnberg und Probstzella nach Berlin – gut 1 1/2 Stunden mehr als die Intercityzüge heute. Zum Vergleich: Der FDt 551 startete im Sommer 1938 in München um 6.40 Uhr und erreichte nach Halten in Nürnberg und Leipzig den Anhalter Bahnhof bereits um 13.24 Uhr – übrigens fast die gleiche Reisezeit wie heute der schnellste ICE mit Umsteigen in Fulda. Dafür hielt unser Berlinzug zwischen Probstzella und der alten und neuen Bundeshauptstadt nur in Halle zum Lokwechsel und Griebnitzsee wegen Paßkontrollen. Auf seiner Fahrt durch die ehemalige DDR wurde er von Grenzschutzbeamten begleitet, die darüber

Der D 303, Gegenzug unseres D 302 in der Geschichte, kommt am 28. Januar 1990 die Nordseite der Frankenwaldrampe herauf. Inzwischen liegen hier wieder zwei Gleise

wachten, daß nur niemand von den DDR-Bürgern diesen Zug durch Aufspringen zur Republikflucht nutzte, um dorthin zu gelangen, wo noch Milch und Honig fließen.
Ich hatte den letzten Waggon an diesem nebligen Morgen gerade noch erwischt. Pünktlich um 7.40 Uhr setzt sich die lange Wagenschlange aus acht klassisch grünen DB-Schnellzugwaggons 2. Klasse mit den behaglichen stoffgepolsterten Abteilen und Leselampen, einem blauen 1. Klasse-Waggon, einem roten Mitropa-Speisewagen sowie einem 2. Klasse-Wagen mit Gepäckabteil in Bewegung. Wie gewohnt streife ich durch sämtliche Waggons, um mir das reizvollste Abteil auszusuchen. Denn schließlich liegt eine lange Fahrt vor mir – und ich bin nicht in Meditationsstimmung. Es gibt noch reichlich Platz im Zug. In den meisten Abteilen sitzen eine oder zwei, manchmal auch drei Personen. Ich passiere Wagen um Wagen, gönne mir zwischendurch auch schon mal eine Ruhepause, aber nirgendwo will es mir so recht gefallen. Selbst der frische Kaffeeduft im Mitropa-Speisewagen kann mich an diesem Morgen nicht locken.
Wir sind schon kurz vor Augsburg, als der D 302 den Lech überquert und ich leicht erschöpft den ersten Waggon direkt hinter der Lok erreiche. Vor Abteil Nummer 3 spüre ich sofort – hier bist du richtig. Die hübsche junge Frau mit dem langen schwarzen Haar, zu einem Knoten zurückgesteckt, da rechts am Fenster – das ist die ideale Begleitung für die Reise an die Spree. Heiligabend ist zwar noch nicht, aber dies ist auch schon eine schöne Bescherung. Sie gefällt mir, diese edle Gestalt, so um die dreißig – eine wundersame Mischung aus Mona Lisa und Sophia Loren, als sie noch jünger war.
Eine Deutsche wird sie wohl kaum sein. Dennoch frage ich brav: „Ist hier noch ein Platz frei?" – „Yes". – „Where you come from?" – „Roma".

Also sozusagen eine Botschafterin des Heiligen Vaters. Die rassige Römerin hatte schon die ganze Nacht im Zuge verbracht. Wir kommen schnell ins Gespräch, was auch nicht so schwierig ist mit einer Frau von ihrem Temperament. „What's your name?" – „Simo-net-ta!"
Wie ihr das über die Zunge geht. Und ich dachte immer, nur der französische Akzent würde bei mir einschlagen. Sie ist eine ganz und gar ungewöhnliche Frau. Statt zu Hause in Rom mit der Familie Weihnachtslieder zu singen und den päpstlichen Segen zu empfangen, will sie hautnah dabei sein bei der friedlichen Revolution, die das weltpolitische Kräfteverhältnis nachhaltig verändern sollte. Statt für „Urbi et Orbi" hat sie sich für „Wir sind das Volk" und Gorbi entschieden. Simonetta schwärmt von dem Vater der neuen russischen Revolution, von Glasnost und Perestroika. Zeitgeschichte in dieser Brisanz an der Nahtstelle zwischen West und Ost unmittelbar erleben – das will meine Bella Italia, die es sonst mehr in südliche Gefilde oder nach Asien zieht.
Kurz vor Treuchtlingen, wo die Landschaft etwas abwechlungsreicher wird und der Zug in kurvenreicher Fahrt Ausläufer der Fränkischen Alb durchquert, bekomme ich vor lauter Reden einen trockenen Hals. Artig öffne ich meine Henkel-Trocken-Flasche (ein Schampus wäre angemessener) und fülle damit zwei herbeigezauberte Wassergläser. Ich rücke auf den Mittelsitz, und wir prosten uns zu. Von Fellinis „Roma" und „La Dolce Vita" über Viscontis „Tod in Venedig" bis zu Bertolucchis „Der letzte Kaiser" und seinem damals geplanten Buddha-Film kreisen wir den italienischen Film-Kosmos ein.
Schon sind wir in Asien gelandet. Simonetta erzählt begeistert von ihrem Traumland Nepal, in das sie sich eines Tages zurückzuziehen gedenkt. Gemeinsam schwärmen wir vom Café Govinda in Katmandu, wo wir beide zu verschiedenen Zeiten unseren Special Cake zu uns nahmen. Im Schnellzug von München nach Berlin über Katmandu – welch seltsame Verbindung. Die Stadt, die keinen Bahnhof hat, aber wo jedes zweite Gebäude ein Tempel ist. Hier fühlt man sich dem Himmel nicht nur näher, hier ist man ihm näher – vor der traumhaft schönen Kulisse des Dachs der Welt, den im Sonnenlicht strahlenden, schneebedeckten Gipfeln der Achttausender. Wann fährt ein Zug nach Katmandu? Umsteigen in Delhi und Patna/Bihar. Bis dahin bin ich tatsächlich mit der Brahmaputra Mail gefahren, dann weiter mit dem Bus. Ach wären wir uns doch schon dort begegnet.
Meine fernen Gedanken werden von dem beruhigenden Rhythmus der Schienenstöße wieder eingeholt. Ein anderer Himmel hat sich aufgetan. Allein im rollenden Séparée mit meiner schönen Römerin. „Come on, baby", möchte ich dir am liebsten zuflüstern, „all you need is love."
Ich denke an einen Ausstellungsbesuch. In der Münchner Hypo-Kunsthalle waren Bilder von Paul Delvaux zu bewundern. Der belgische Maler ist fasziniert von schönen Frauen, antiker Architektur – und Eisenbahnzügen. In vielen seiner surrealistischen Gemälde bildet eine magisch anmutende Landschaft aus Gleisen, Bahnhöfen und Schienenfahrzeugen die geheimnisvolle Kulisse für seine erotischen Frauengestalten. Simonetta kennt Delvaux, begeistert sich aber mehr für Dàli und Magritte – so weit geht ihre Bahnpassion nun doch nicht. Sie hatte zwei Semester an der Kunstakademie in Rom studiert, bevor sie sich bodenständigeren Themen zuwandte. Heute verdient sich die Juristin ihre Brötchen als Dozentin an einer Art Fachhochschule für Rechtspflege.
Ich schaue aus dem Abteilfenster. Wir fahren gerade durch Weißenburg, ich erzähle von der römischen Geschichte dieses Ortes und von dem ehemaligen Kastell, das besichtigt werden kann. Ihre strahlenden braunen Augen verraten den Stolz, der sie erfüllt, als wir auf die große Vergangenheit zu sprechen kommen.
D 302, der Namenlose, nähert sich Nürnberg, und ich gebe mein Wissen von der ersten deutschen Eisenbahn zum besten, die bekanntlich 1835 zwischen Nürnberg und Fürth verkehrte. Da kommt heraus, daß auch sie eine ganz besondere Beziehung zur Bahn hat. Ihr Großvater Lucio Pintorello war als einer der sechs Architekten am Bau der Stazione Termini in Rom beteiligt. Dieser 1950 eröffnete Bahnhof zählt

Mit der 110 365 passiert der D 1402 am 16. Juni 1991 die ehemalige innerdeutsche Grenze bei Probstzella

sicher zu den gelungensten Bauten der klassischen Moderne. So etwas hinterläßt offensichtlich seine Spuren. Deshalb also ist die Enkelin eine passionierte Bahnfahrerin. Wer fährt schon heute die mehr als 1600 Kilometer von Rom nach Berlin mit der Bahn, wenn er sich einen Flug leisten kann? Simonetta erzählt von ihren Fahrten mit dem legendären „Settebello" zwischen Rom und Mailand oder Florenz mit seinem großzügigen Aussichtsabteil. Er galt bis in die achtziger Jahre als der Starzug der Italienischen Eisenbahnen. Ich halte meine Fahrten im Domcar des Rheingold dagegen. Tempora mutantur. Exklusives Bahnreisen ist heute weitgehend auf Sonderfahrten beschränkt. Und was da an Stereo-, Video- und Computer-Firlefanz in den modernen Zügen angeboten wird, kann uns beide wenig überzeugen.

Settebello heißt übrigens der „schöne Siebener", denn aus sieben Waggons bestand dieser Zug. Nicht gerade phantasievoll, dieser Name. Ich denke an den flotten Dreier und einen Sechser im Lotto – aber lassen wir lieber diese Kalauerei. Der Zug mit der Bezeichnung ETR 300, von Breda in Mailand gebaut, erregte bei seiner Indienststellung 1953 in ganz Europa Aufsehen, ähnlich wie der deutsche Gliedertriebzug VT 10.501, der bis 1957 als „Senator" zwischen Hamburg und Frankfurt unterwegs war. Der Settebello hatte nur Plätze in der ersten Klasse. Wegen des besonders hohen Komforts mit seinen Aussichtsabteilen war aber ein hoher Zuschlag zu zahlen. Die Führerstände an der Spitze und am Schluß des Zuges waren um einige Meter von der Zugspitze zurückversetzt, so daß dadurch vorn und hinten Raum für Aussichtssalons („Belvedere") frei wurde. Sonst gab es unter den 160 Plätzen grundsätzlich nur Großabteile, in denen jeweils zwei mal drei Plätze auf seitlichen Diwans, vier Plätze aber in Abteilmitte auf beweglichen Fauteuils angeordnet waren – also ähnlich den Abteilen im Henschel-Wegmann-

Zug. Selbstverständlich verfügte der Settebello in der Mitte auch über Speise- und Barwagen, ja sogar über Dusche sowie Post- und Gepäckabteil. Seine Höchstgeschwindigkeit betrug 160 km/h. Ende 1989 wurde er ausgemustert, ich entdeckte einen abgestellten, heruntergekommenen Triebwagenzug zwei Monate später bei Arezzo.

Knapp zehn Minuten Aufenthalt im Nürnberger Hauptbahnhof, Lok- und Richtungswechsel. Der Zug füllt sich etwas. Aber die Leute schieben sich im Gang vorbei. Unser Abteil strahlt wohl eine solche Intimität aus, daß sich niemand (vom Schaffner einmal abgesehen) hineintraut, obwohl wir nicht mal die Gardinen zugezogen haben. Neben seiner unrühmlichen Vergangenheit als Stadt der Reichsparteitage ist Nürnberg vor allem auch die alte Handelsstadt, die Stadt der Zünfte und Künste, eines Albrecht Dürer und Hans Sachs. Aber auch eine Eisenbahnstadt, dessen Bedeutung als Knotenpunkt nach der Wende erheblich gestiegen ist. Schließlich kreuzen sich hier die internationalen Fernverbindungen Hamburg/Amsterdam – Wien und Rom – München – Berlin. Und dann das Verkehrsmuseum, ein Muß für alle Eisenbahnfreunde. Ich erzähle das Simonetta, aber sie will lieber sitzen bleiben.

Die Stationen folgen jetzt in kurzen Abständen, ohne daß wir viel davon wahrnehmen: Fürth, Erlangen, Forchheim, Bamberg. Von der ehemaligen Bischofsstadt sieht man eh nur wenig, die Türme des Bamberger Doms grüßen aus der Ferne. Aufmerksam mache ich Simonetta auf den berühmten Zwei-Kirchen-Blick kurz vor Lichtenfels. In Fahrtrichtung links thront auf der Anhöhe Kloster Banz, wo die Spitzen der CSU gern tagen und im Sommer ein Festival der Liedermacher Tausende anzieht während rechts fast gleichzeitig die berühmte Wallfahrtskirche Vierzehnheiligen auftaucht, ein vollendetes Spätwerk des Barock von Balthasar Neumann. Aber selbst der Bamberger Reiter und später die Uta von Naumburg turnen mich kaum an, wenn ich meiner Mona Lisa in ihre leuchtenden Augen schaue. Ihr Lächeln läßt selbst die coolsten Männerherzen nur so dahinschmelzen. Über Lichtenfels und die Cranach-Stadt Kronach nähern wir uns der deutsch-deutschen Grenze. In Pressig-Rothenkirchen wurden früher Schubloks eingesetzt, um die schweren Züge in kurvenreicher Fahrt die Frankenwaldsteige hinaufzuschieben. Bei Steinbach am Wald erreicht die Bahn mit 624 Metern über dem Meeresspiegel ihren höchsten Punkt. D 302 passiert dichte, durch eine dünne Schneedecke märchenhaft verzauberte Nadelwälder, in denen man Rotkäppchen und Frau Holle zugleich vermuten könnte. Im Winter, wenn im Flachland keine Spur von Schnee zu sehen ist, verwandelt die frische weiße Pracht hier alles über Nacht in ein Arkadien der Reinheit und Unversehrtheit, das den Schmutz trister Industrie- und Wohnlandschaften vergessen läßt.

Die kleine Grenzstation Ludwigsstadt ist erreicht. Auf dem Nachbargleis steht ein von Menschen überquellender Entlastungszug aus der DDR. Die 140er-Ellok hat neun vierachsige DB-Umbauwagen aus den fünfziger Jahren am Haken, die schon fast von der Bildfläche verschwunden waren. Kurz vor der Verschrottung dürfen sie nun ein überraschendes Comeback erleben. Wir ziehen die Fenster herunter und genießen die frische Frankenwaldluft. Der „Fort-Schritt" (von was?) hat dafür gesorgt, daß dies bei Fernreisen mit der Bahn heute ein besonderes Privileg ist. Bei Hochgeschwindigkeitszügen mag Air-Conditioning unentbehrlich sein, in allen anderen Zügen sollten zumindest immer auch „Frisch-Luft-Wagen" mitgeführt werden, damit der Reisende selber wählen kann. Aber die Bahnmanager denken zumeist eingleisig in Schwarz-Weiß-Kategorien. Nach mehr als drei Stunden Klimaanlage, die oft auch schlecht arbeitet und Krankheitskeime in die Luft einschleust, bekommt so manch einer Klaustrophobie, Kopfschmerzen und Atemnot zugleich. Wie herrlich, daß wir uns aus diesen klassischen Abteilwagen der siebziger Jahre so richtig hinauslehnen und tief durchatmen können.

Und wenn es dunkel wird – Sitze ausziehen, Beine hoch, Leselämpchen anknipsen und wundervolle Entspannung bei anregender Lektüre, beim Gespräch, beim Nichtstun. Ab und zu leuchten Mond und Sterne oder Licht und Neonreklamen vorüberziehender Städte und Bahnhöfe hinein. In allen „Nachgeburten" von Fernzugwaggons müssen wir darauf verzichten, und ich bin gewiß nicht der einzige, der aus diesen Gründen der Bahn hin und wieder untreu geworden ist. Aufdringlich helles Neonlicht fällt vom Seitengang in das Abteil, ob ich nun im Interregio, Intercity oder ICE sitze. Was für unsensible Leute müssen das nur sein, diese Bahnkonstrukteure und Bahnoberen, daß sie bei allen mehr oder weniger vermeintlichen Verbesserungen immer wieder das Kind mit dem Bade ausschütten und Gutes und Bewährtes einfach abschaffen. Millionen und Abermillionen werden für läppische Umfragen beim „Rasenden Roland" (Roland Berger – der Mensch ist so dynamisch) ausgegeben, anstatt wirklich das zu beherzigen, was große Teile der Kundschaft an der Bahn schätzen. So manch einer von diesen profilierungssüchtigen Machern fährt wohl kaum Zug und ist vor allem Wichtigtuer und Besserwisser.

Simonetta stimmt mir zu: „Diese Leute sind noch nie in Nepal gewesen." Sie wundert sich über den regen Bahnverkehr. Die Bilder des total überfüllten Zuges wecken Erinnerungen an die Nachkriegszeit. Die Mauer ist durchlässig geworden, nach jener denkwürdigen Live-Fernsehansprache von Günter Schabowsky am Abend des 9. November. Millionen DDR-Bürger strömen nun über die bundesdeutschen Grenzen, um ihr Begrüßungsgeld in Empfang zu nehmen. Viele fahren gleich bis München durch, weil es da nochmal 50 Westmark extra gibt.

Nach der Abfahrt in Ludwigsstadt begeben wir uns in den „Aussichtssalon". Gemeint ist das rückwärtige Fenster im letzten Wagen, in dem wir uns seit Nürnberg befinden. Ich möchte Simonetta die Grenzanlagen der noch existenten DDR zeigen. Wir genießen die besondere Perspektive aus dem Rückfenster. Leichter Neuschnee. Die Flocken werden von dem durchbrausenden Zug durch die Luft gewirbelt. „Schau", sage ich, „hier blicken wir direkt auf unsere Vergangenheit." Wo sonst wird einem so unmittelbar bewußt, wieviel man in diesem Tempo hinter sich läßt? Der Blick auf die davonzurasen scheinende Gleislandschaft hat mich seit meiner Kindheit fasziniert. Nun stecke ich meine Begleiterin an. Das durch eine dunkle Wolkenschicht hindurchbrechende Sonnenlicht läßt das endlos scheinende stählerne Band in Silberglanz erstrahlen. Lauenstein, ein Nadelwald wird durchfahren, Falkenstein. „Look, the border", sage ich und berühre dabei sanft ihre Schulter. Wir erkennen Stacheldrahtzäune, dann der Todesstreifen und die Wachtürme. Betroffenheit, dann ein verlegenes Lächeln auf beiden Seiten. Nachdenklich gehen wir zurück ins Abteil.

Der Grenzbahnhof Probstzella ist erreicht. „Wir begrüßen Sie in der Deutschen Demokratischen Republik." Lokwechsel – eine Diesellok, Marke Taigatrommel, schiebt sich vor den Wagenzug. Die Strecke war vor dem Krieg elektrifiziert, aber die elektrische Ausrüstung wurde nach 1945 von den Sowjets demontiert und nach Rußland abtransportiert, ebenso das zweite Gleis. Nur kurz stören freundlich gewordene Paßkontrolleure unsere Zweisamkeit.

Nach Probstzella nehmen wir nur noch sporadisch die düsteren Grau-in Grau-Töne der DDR-Ortschaften und Städte wahr: Rudolstadt, das reizvolle Saaletal, die Dornburger Schlösser und den Naumburger Dom – das ist fast alles, was ich draußen vom Lande gesehen habe und Simonetta zeige.

Ab und zu hören wir das Heulen der Taigatrommel und den ruhigen Rhythmus der Schienenstöße. Die Gleise sind hier noch nicht durchgehend geschweißt. Ansonsten sind wir mit uns beschäftigt, tauschen angeregt unsere Lebens- und Liebesgeschichten aus. Sie erzählt etwas wehmütig von ihrer Fern-Liebe, einem Mexikaner, der in Japan als Ethnologe sein Wissen über die Azteken zum besten gibt. Ich beichte ihr, daß ich gerade wieder solo bin.

Die Zeit vergeht wie im Fluge, und der Zug kann jetzt gar nicht langsam genug sein. Wir reden über Gott und seine Welt, die mir zumindest momentan einen Vorgeschmack von den Zuständen im Paradies vermittelt. Bei aller Liebe zur Eisenbahn, mit der Traumfrau allein im

Abteil – was kann es Schöneres geben? Vorfreude ist sowieso die größte Freude.
Als der Zug gerade in Halle stoppt, sind wir nicht nur Berlin, sondern auch uns nähergekommen. Vorsichtig lege ich meine Hand auf ihre Schulter. „Oh, Simonissima!“ Sie zeigt sich ein wenig irritiert und betont, daß sie streng katholisch erzogen worden ist. Plötzlich hat sie Appetit – aber auf den Speisewagen. Ich soll auf das Gepäck aufpassen. Sie braucht wohl ein wenig Abstand, und mir kommt die Distanz auch ganz gelegen. Ich spüre, wie sie bei mir eingeschlagen ist und kann die Reise nochmal in Ruhe Revue passieren lassen.
Als der Zug kurz nach Dessau über die Elbbrücke donnert, öffnet sich die Abteiltür. Spontan umarme ich sie und gebe ihr einen zarten Kuß auf die rechte Wange. Der Bann scheint gebrochen. Sie hat eine Piccoloflasche mitgebracht, ich packe meine Wassergläser aus, und wir stoßen auf unsere Freundschaft an.
Die Dämmerung setzt ein. Wir passieren den Schwielowsee und Potsdam. Selbst über Sanssouci mag ich jetzt nichts mehr sagen. Griebnitzsee und Paßkontrolle, Wannsee. Als wir am Funkturm vorbeifahren, packen wir unsere sieben Sachen zusammen. Ich gebe ihr meine Berliner Telefonnummer. Sie verspricht, mich anzurufen. Bahnhof Berlin Zoologischer Garten im Weihnachtsglamour. Ich helfe meiner Simonissima aus dem Zug, umarme sie. „Arrivederci!“ Auf dem Bahnsteig erwarten mich Schwester, Schwager und meine beiden Nichten.
Am ersten Weihnachtstag ruft sie an. Wir erkunden gemeinsam Berlin. Ein zweites Mal, ein drittes Mal. Sie besucht mich auf der Rückreise nach Neujahr in München. „Avanti, avanti, I want you, I need you, I love you.“ Drei Tage, drei Nächte, heiße Liebe. Welch ein Glück, welch ein Geschenk des Himmels – drei Nächte mit Mona Lisa. Dabei hat sie auch einiges mit Greta Garbo und Marlene Dietrich gemein. „Ti amo tanto, Simonissima.“ Einladung nach Rom: „I am waiting for you with all of my heart – Simona.“ Fahrt mit EC 81 „Michelangelo“ – zwei Stunden Verspätung. Was hat da Gorbi noch gesagt? – Empfang mit halbem Herzen und neuem Liebhaber. Sie schleppen mich auf ein Fest. Auf ein Duell bin ich nicht vorbereitet. Ein dritter Verehrer lädt sie zum Karneval nach Venedig ein. Ich gebe mich geschlagen. „Wir bleiben Freunde.“ Warum soll eine Frau kein Verhältnis haben? Sie muß doch eins haben! Für einen allein ist eine Frau wie Simonetta wirklich viel zu schade ...

Erinnerungen an damals

Gemeinsam ächzen die 52 8154 und 52 8038 vor einem schweren Güterzug von Kamenz nach Arnsdorf

Bei Werdohl kommt im Winter 1957 die 44 916 die Rhein-Sieg-Strecke herauf

Mit zwölf Jahren am Verschiebebahnhof

Keine Fahrzeugparade, sondern ganz normaler Alltag auf den Kopfgleisen des alten Braunschweiger Hauptbahnhofes im Herbst 1957: Der ETA 178 105, VT 12 506 und ein Beiwagen VB 142

Aus einem verschlafenen Nest an der Zonengrenze zog meine Familie im Frühjahr 1953 in die alte Herzogsstadt Celle, die seit 1945 an der großen, neuen Nord-Süd-Magistrale lag, welche für einen Eisenbahnbegeisterten vielfältige Beobachtungsmöglichkeiten bot. Schon ab dem zwölften Lebensjahr interessiert, schöpfte ich als Schüler mein Wissen über die Eisenbahn aus Jugendbüchern wie Karl Unselts „Ausfahrt frei" mit den gekonnten Zeichnungen des unvergessenen Walter Zeeden oder aus Gerhard Neubauers „Vorsignal in Warnstellung". Weihnachten 1953 kam Franz Ludwig Nehers „F 21 – Rheinpfeil" hinzu. Nun konnte die persönliche Anschauung folgen.

Wann immer ich mich nachmittags davonstehlen konnte, zog es mich unwiderstehlich zum Verschiebebahnhof im Süden der Stadt, der seinerzeit lebhaften Verkehr durch die heute längst aufgelassenen Nebenstrecken nach Gifhorn, Braunschweig und Verden aufwies; denn bis dato hatte ich als Fahrschüler „nur" die OHE kennengelernt. Den einfachen Personenverkehr beherrschte schon der Schienenomnibus, aber der Güterverkehr bedingte die Stationierung von Dampfloks der Baureihen 55 und 56 im kleinen Bahnbetriebswerk Celle.

Mein besonderes Interesse galt dem durchgehenden, sogenannten Personenfernverkehr, der schon damals in Richtung Hannover nicht den Umweg über Lehrte nahm, sondern die zwar noch eingleisige, aber recht schnelle „Hasenbahn" über Langenhagen wählte. Nicht viel lief davon in den ersten Jahren der jungen Bundesrepublik, doch manches haftet noch in der Erinnerung. Irgendwo nördlich von meiner neuen

Das neue Zentralstellwerk in Frankfurt (Main) Hauptpersonenbahnhof mit einer 01 im Herbst 1958

Eine elegante Erscheinung: Die E 18 26 abfahrbereit im Hauptbahnhof München. Aufnahme von 1958

Heimatstadt lag der Begegnungspunkt des F-Zugpaars „Domspatz". Das Zugpaar F 53/54 „Domspatz" (nur 2. Klasse) durcheilte die Strecke Hamburg-Altona – Passau mit nur wenigen Aufenthalten (Laufstrecke 862 km mit einer aus heutiger Sicht nicht berauschenden Reisegeschwindigkeit von 76 km/h).

In Würzburg gab es eine Umsteigemöglichkeit mit F 33/34 „Gambrinus" von/nach München. Der noch berühmtere F 55/56 „Blauer Enzian" München – Hamburg, ebenfalls eine Tagesverbindung, lag im Fahrplan um einen halben Tag früher bzw. später.

Wenn der aus Passau nach Norden stürmende Zug F 53 Verspätung hatte, mußte F 54 widerwillig am südlichen Ausfahrtsignal halten. Ich hoffte immer auf diesen unfreiwilligen Stop, gab mir doch die Wartezeit die phantastische Gelegenheit, die kurze elegante Garnitur in Tiefblau und die Pazifik-Schnellzuglok der Baureihe 01 oder 03 aus der Nähe zu bewundern. Staunend und fasziniert muß ich als Fünfzehnjähriger neben den Gleisen gestanden haben. Oftmals winkten mir die Reisenden zu, und in mir erwachte ein nicht mehr zu heilendes Fernweh. Zwar war der „Duft der großen weiten Welt" noch nicht geboren, aber seitdem überfällt mich regelmäßig mehrfach im Jahr heftiges Reisefieber. Ungeduldig wurden Maschine und Meister, wenn der Halt länger andauerte. Oft sprach dann das Sicherheitsventil an, denn der Heizer hatte ja für den Sprint nach Hannover gut vorsorgen müssen. Kaum war der Gegenzug durch, da schnellte der Arm des Signals auf „Fahrt frei" und fauchend setzte sich der „Domspatz" in Bewegung, verschwand alsbald in der langgestreckten Krümmung längs des Fliegerhorstes Wietzenbruch und ließ mich in meinen Träumen zurück. Noch heute ist mir diese oft wiederholte Szene bewußt. Leider gibt es davon kein Bilddokument, denn das äußerst karge Taschengeld ließ nur äußerst selten ein Bahnfoto zu.

Auch ein anderer Traum ging 1953 nicht in Erfüllung. Sehnlichst wünschte ich mir, die Verkehrs-

Die 55 5375 drückt im Herbst 1953 einen Güterzug über den Ablaufberg des Rangierbahnhofes Celle. Gerade die ehemaligen pr. G 8.1 waren auch noch lange nach dem Erscheinen der V 60 die idealen Rangierloks

ausstellung in München besuchen zu können. War es das magere Budget oder gar die schlechten schulischen Leistungen des stark abgelenkten Gymnasiasten?
Leider kam die Reise nicht zustande. Heute hüte ich einen später antiquarisch erworbenen Bildband über die Austellung in meiner stattlichen Bahnbibliothek wie einen Schatz, das gleiche gilt für meine Jugendbücher.
Schon damals spielten Bücher in meinem Leben eine herausragende Rolle. Als Ersatz für die ausgefallene Reise in die bayrische Metropole bekam ich zum folgenden Geburtstag mein erstes fundiertes „Fach"-Buch geschenkt. Mit „25 Jahre Deutsche Einheitslokomotive" aus dem Miba-Verlag begann ich, mich ernsthaft mit der noch vorherrschenden Dampflokomotive und ihrer Technik zu beschäftigen. Vielleicht erklärt das auch mein folgendes Geständnis: Lokführer wollte ich eigentlich nie werden, Vorsteher eines größeren Bw hatte es gleich sein sollen. Doch es kam anders; in späteren Jahren überwog die Neigung zur Luftfahrttechnik.
Aber die Funktion eines „Leiters Bw" durfte ich doch in meiner beruflichen Laufbahn für wenige Jahre ausüben; nur galt es nicht, Lokomotiven der Bundesbahn, sondern Hubschrauber der Luftwaffe zu warten und instandzusetzen. Nun, meine Liebe zur Eisenbahnwelt von gestern und heute ist deshalb nie erkaltet.

Die Berksche Bimmel

Die 92 6582, aufgenommen gegen Ende der fünfziger Jahre in Halle (Saale), wo sie eine Untersuchung erhalten hatte. O & K hatte die Maschine 1927 für die „Berksche Bimmel" geliefert (WBBIE Nr. 94)

Sie ist eigentlich das ideale Vorzeigebeispiel einer Privatbahn. Dabei bedient 1998 die Deutsche Bahn mit Doppelstockschienenbussen die Strecke, und schon seit 1946 war die WBBlE, die Weimar-Berka-Blankenhainer Eisenbahn, nicht mehr privat – aber das macht die Sache gerade interessant.

Schon seit 1967 fährt nach Blankenhain kein Zug mehr, der andere Endpunkt, Kranichfeld, kommt im alten Namen der Bahngesellschaft aber gar nicht vor – schon damit geht es los. 1887 wurde die Bahn eröffnet. Bei Hetschburg entgleiste die Lokomotive des ersten Planzuges. Ein schlechtes Omen?

Die Bahn gehörte der Großherzoglich Sächsischen Regierung in Weimar und wurde von Bachstein in Pacht betrieben, war also gewissermaßen eine Landesbahn in privater Betriebsführung. Man fuhr Verluste ein, und der Weimarer Hof war froh, daß sich Bachstein 1899 bereiterklärte, alles zu kaufen. Privatisierung also – mit einem guten Drittel Preisnachlaß.

War das nun ein geschickter Schachzug Bachsteins oder einfach Unternehmerglück? Jedenfalls fuhr die Bahn von nun an in die schwarzen Zahlen. Anschließer (Papierfabrik Tannroda, Zementwerk Bad Berka) brachten den Güterverkehr in Schwung. Daß Bachstein als Unternehmer dies geahnt haben muß, die direkt vor Ort sitzende Landesregierung aber offensichtlich nicht, wirft ein bezeichnendes Licht auf die Kirchturmspolitik jener Jahre.

Der Endbahnhof Kranichfeld an einem Januarabend des Jahres 1991. Die 112 232 macht sich in wenigen Minuten nach Weimar auf die Reise. Stundentakt war damals noch ein Fremdwort auf der „Bimmel"

Den Güterverkehr gibt es heute nicht mehr, die Endstation Kranichfeld hat nicht eine Weiche mehr, und die wenigen unterwegs dienen zur Kreuzung der Schienenbusse. Eine Fahrt in das Ilmtal ist allerdings wie zu allen Zeiten ein Genuß und die ideale Abwechslung für Weimar-Touristen nach so viel Goethe und Schiller.

Den aufmerksamen Reisenden erwartet noch immer ein echtes Bahnabenteuer. Die Spuren der einstigen Bedeutung dieser kleinen Bahn sind noch überall zu erkennen. Setzen wir uns in einen der DWA-Doppelstock-Schienenbusse, natürlich vorn und oben, und lassen wir uns mit ihm in Gedanken ein wenig in die Vergangenheit zurückschaukeln ...

Am Bahnsteig 1 des Weimarer Hauptbahnhofes geht es los. So richtig „privat" war auch schon der Personenzug zu Zeiten der DDR: Eine 112er, ein Doppelstock-Einzelwagen, ein Güterzugbegleiterwagen. Fertig. Die Fahrt beginnt – und ist bereits nach fünf Minuten wieder zu Ende. Kopfbahnhof „Berkaer Bahnhof". Abspannen, umsetzen, wieder ankuppeln, Bremsprobe. Schon nach fünf Minuten Fahrt zehn Minuten Zeit für eine Rauchpause. Wenn das nicht sehr privat zugeht.

Zu Bachsteins Zeiten war in dem recht stattlichen Gebäude am „Berkschen Bahnhof" die Betriebsleitung der Bahn untergebracht. Gegenüber befanden sich die ausgedehnten Anlagen der Betriebswerkstatt. Ein Gleis führte bis 1908 weiter in die Stadt hinein, mitten auf der Erfurter Straße bis zum Hintereingang des Deutschen Nationaltheaters. Von diesem Zustand fühlten sich die Anlieger jedoch aufs Äußerste belästigt. Die „Berksche Bimmel" mußte den Rückzug antreten. Heute würde man so etwas wohl gern umgekehrt wieder beleben – wie in Zwickau, wo künftig RegioSprinter aus dem Vogtland direkt in die Innenstadt rollen werden.

Ein Sommersonntag 1969 in Kranichfeld. Die 58 1190 (mit P 8-Tender!) hat gerade ihren Personenzug in die Abstellgruppe gedrückt. Bis zur Rückfahrt nach Weimar ist ein Stündchen Zeit

Inzwischen ist die 112 wieder startklar mit ihrem kurzen Zug. Der Motor heult auf, es geht los. Eine lange Steigung beginnt, hinauf nach Nohra. Russische Hubschrauber machten hier jahrzehntelang die Luft unsicher und jeden Eisenbahnfotografen zum potentiellen Spion. Schon von 1917 bis 1929 gab es ein Anschlußgleis zu einem Fliegerhorst. Heute hat sich ein riesiges Gewerbegebiet ausgebreitet – nicht, weil die „Berk'sche Bimmel" vorbeiführt, sondern die A 4 in Sichtweite liegt.

Weiter in stetiger Steigung. Obergrunstedt naht. Ein malerisches Dorf – wie so viele im Umkreis von Weimar. Und weiter bergan, in weitausladenden Bögen erreicht der Zug den höchsten Punkt der Strecke, direkt unter der Autobahnunterführung.

Mit einem Mal ändert die Landschaft ihr Gesicht. Nach Holzdorf – hier kreuzen in neuester Zeit über Rückfallweichen die Schienbusse – folgen dichte Wälder, es geht bergab hinein in das Hengstbachtal. Weiße Kalkfelsen, tiefe Einschnitte, hohe Dämme. In Legefeld wird bei Bedarf gehalten, dann folgt Hetschburg. Wir erreichen nun das Ilmtal. Nach einem engen Bogen, in dem die Spurkränze quietschen, schmiegt sich die Trasse neben das Ufer des Flusses.

Und schon folgt die nächste Attraktion: Auf einmal tauchen Fahrleitungsmasten auf, und wer noch vor wenigen Jahren ein wenig Glück hatte, konnte eine der beiden elektrischen Lokomotiven des Mineralwollewerkes Bad Berka auf den Übergabegleisen beobachten. Der Zufall wollte es, daß ausgerechnet hier im romantischen Ilmtal eine jener allerersten Drehstromversuchslokomotiven aus dem Jahre 1900 überlebte und von Bad Berka aus ins Museum wanderte.

Wir fahren weiter, passieren den Werkshaltepunkt Bad Berka Nord ohne Halt und nähern

Eine Lok der Baureihe 58.10 schlängelt sich um 1965 durch die Gassen des Kurstädtchens Bad Berka

uns über Wiesen und Felder hinweg dem malerisch gelegenen Kurort. Die nächste Attraktion ist angesagt: Nun geht es mitten auf der Straße zwischen den Häusern der Kleinstadt hindurch. Was es in dieser Form früher des öfteren auf Neben-, Klein- und Privatbahnen gab, ist heute eine absolute Seltenheit. In aller Regel wich die Schiene mit dem starken Aufkommen des Individualverkehrs der Gummikonkurrenz.
Schrittgeschwindigkeit ist angesagt, die 112er grummelt durch die engen Bögen, während der großräumige Doppelstockwagen fast die Regenrinnen der kleinen Häuser streift. Heute hat man, den verschärften bundesdeutschen Vorschriften gehorchend, vom Zug betätigte Halbschranken und dazu Sperrzäune entlang des Gleises errichtet – keine Augenweide, aber sicherer. Noch bis 1969 rumorten hier Lokomotiven der Baureihe 58.10, ehemalige preußische G 12, mit langen Güterzügen durch die Gassen!
Direkt neben der Strecke eröffnete hier schon in der Zeit vor dem ersten

Die Fahrplantabellen des Winterfahrplanes 1959/60. Noch wird zu dieser Zeit Blankenhain angesteuert. Sonntags kann man mit dem P 929 von Bad Berka gut zur 20.00-Uhr-Vorstellung ins Theater fahren

188g Weimar–Bad Berka–Blankenhain und Kranichfeld Alle Züge nur 2. Klasse

km	Rbd Erfurt	Zug Nr	⚒1910	⚒910	⚒928	⚒1912	†928	914	1914	Sa 926		916	1918		■918	930	920		1920	922	924	1922	
0,0	**Weimar** 180. 188f	ab	...	...	⚒6.45	...	†7.59	8.35	...	Sa12.39	...	13.38	...	...	■16.03	...	17.40	...	...	23.25	...	...	...
2,5	Weimar Berkaer Bf		...	...	}7.02	...	}8.14	8.49	...	}12.54	...	13.53	...	...	}16.18	...	17.57	...	...	23.39	...	...	...
6,1	Nohra (b Weimar)		...	...	}7.11	...	}8.23	8.58	...	}13.03	...	14.02	...	...	}16.28	...	18.06	...	...	23.48	...	...	...
7,7	Obergrunstedt		...	...	}7.16	...	}8.28	9.03	...	}13.07	...	14.07	...	...	}16.33	...	18.11	...	...	23.52	...	...	...
9,4	Holzdorf (b Weimar)		...	...	}7.21	...	}8.33	9.09	...	}13.13	...	14.14	...	...	}16.39	...	18.16	...	...	23.58	...	...	...
11,7	Legefeld		...	...	}7.27	...	}8.40	9.15	...	}13.18	...	14.20	...	...	}16.45	...	18.22	...	...	0.04	...	...	...
13,8	Hetschburg	↓	...	...	}7.33	...	}8.45	9.19	...	}13.23	...	14.25	...	...	}16.50	...	18.27	...	...	0.09	...	...	...
17,3	**Bad Berka**	an	...	...	⚒7.44	...	†8.55	9.29	...	}13.33	...	14.35	...	...	■16.59	...	18.35	...	...	0.18	...	...	...
17,3	**Bad Berka**	ab	⚒5.19	...	...	⚒7.55	...	↓	9.32	↓	...	↓	14.39	...	...	...	↓	...	18.39	...	...	0 28	...
20,5	Saalborn	↓	}5.29	...	...	}8.06	...	↓	9.42	↓	...	↓	14.48	...	...	...	↓	...	18.50	...	...	0.39	...
23,5	**Blankenhain** (Thür)	an	⚒5.37	...	...	⚒8.15	...	↓	9.52	↓	...	↓	14.56	...	...	...	↓	...	18.59	...	...	0.48	...
17,3	**Bad Berka**	ab	...	⚒5.21	...	...	...	9.31	...	}13.37	...	14.38	...	...	...	17.04	18.38	...	...	...	0.22	...	...
20,9	München (b Bad Berka)		...	}5.29	...	...	...	9.38	...	}13.44	...	14.46	...	...	...	17.11	18.46	...	...	...	0.30	...	...
22,0	Tannroda	↓	...	}5.32	...	...	...	9.42	...	}13.47	...	14.49	...	...	...	17.14	18.49	...	...	...	0.33	...	...
25,4	**Kranichfeld**	an	...	⚒5.40	...	...	...	9.49	...	Sa13.55	...	14.57	...	...	...	17.22	18.57	...	...	...	0.41	...	...

188g Kranichfeld und Blankenhain–Bad Berka–Weimar Alle Züge nur 2. Klasse

km	Rbd Erfurt	Zug Nr		⚒1909	⚒909	1911	913		⚒1913		1915	915		Sa 925	Sa 927	1919	917		■929	931	†929	1921	921	
0,0	**Kranichfeld**	ab	...	...	⚒4.40	...	5.52	...	...	...	...	10.04	...	...	Sa14.05	...	15.30	...	...	17.46	...	...	19.21	...
3,4	Tannroda		...	...	}4.48	...	6.00	...	...	...	...	10.11	...	...	}14.13	...	15.38	...	...	17.54	...	...	19.28	...
4,5	München (b Bad Berka)	↓	...	...	}4.51	...	6.03	...	...	...	...	10.14	...	...	} |	...	15.42	...	...	17.57	...	...	19.31	...
8,1	**Bad Berka**	an	...	...	⚒4.58	...	6.10	...	...	...	...	10.21	...	...	Sa14.22	...	15.48	...	...	18.04	...	...	19.38	...
0,0	**Blankenhain** (Thür)	ab	...	⚒4.41	↓	5.50	↓	...	⚒8.35	...	10.04	↓	...	...	...	15.29	↓	...	...	...	...	19.27	↓	...
3,0	Saalborn	↓	...	}4.48	↓	5.57	↓	...	}8.42	...	10.10	↓	...	...	...	15.36	↓	...	...	...	...	19.33	↓	...
6,2	**Bad Berka**	an	...	⚒4.55	↓	6.04	↓	...	⚒8.49	...	10.17	↓	...	...	...	15.43	↓	...	...	...	...	19.40	↓	...
8,1	**Bad Berka**	ab	...	...	⚒5.00	...	6.17	...	...	...	...	10.24	...	Sa12.10	...	...	15.52	...	■17.01	...	†18.46	...	19.43	...
11,6	Hetschburg		...	...	}5.12	...	6.28	...	...	...	...	10.34	...	}12.22	...	...	16.03	...	}17.12	...	}18.56	...	19.54	...
13,7	Legefeld		...	...	}5.17	...	6.34	...	...	...	...	10.39	...	}12.27	...	...	16.09	...	}17.18	...	}19.01	...	20.00	...
16,0	Holzdorf (b Weimar)		...	...	}5.24	...	6.41	...	...	...	...	10.46	...	}12.34	...	...	16.16	...	}17.25	...	}19.08	...	20.07	...
17,7	Obergrunstedt		...	...	}5.29	...	6.46	...	...	...	...	10.51	...	}12.38	...	...	16.20	...	}17.29	...	}19.12	...	20.11	...
19,3	Nohra (b Weimar)		...	...	}5.33	...	6.50	...	...	...	...	10.54	...	}12.42	...	...	16.29	...	}17.33	...	}19.17	...	20.15	...
22,9	Weimar Berkaer Bf	↓	...	...	}5.49	...	7.08	...	...	...	...	11.10	...	}12.58	...	...	16.46	...	}17.51	...	}19.34	...	20.31	...
25,4	**Weimar** 180. 180f	an	...	...	⚒5.56	...	7.15	...	...	...	...	11.17	...	Sa13.05	...	...	16.53	...	■17.59	...	†19.41	...	20.38	...

Vor dem alten Obergrunstedter Bahnhofsgebäude konnte man sich, umrahmt von Heckenrosen, mit einem alten Eisenbahner unterhalten. Der letzte Zug nach Weimar poltert an einem Juniabend 1993 vorbei

Weltkrieg ein Fotograf namens Haase sein Geschäft. Und er trat – welch ein Glück für die Eisenbahngeschichte – auch bei den verschiedensten Gelegenheiten einfach einmal vor sein Atelier und fotografierte, was sich durch Bad Berka dampfte. Ihm verdanken wir eine ganze Reihe sehr interessanter Aufnahmen aus den Privatbahntagen.

Bis 1967 zweigte im Bahnhof des Kurstädtchens gegen die bisherige Fahrtrichtung die Strecke hinauf nach Blankenhain ab. Eine Wanderung auf der alten Trasse ist jederzeit empfehlenswert. Nach Kranichfeld geht es im Ilmtal weiter, früher auf Langschwellen direkt neben der Straße, wobei man wohl zuviel gespart hatte – die Sache bewährte sich nicht. Neu trassiert ging es dann ab 1931 auf eigenem Bahnkörper durch die Ilmwiesen auf Tannroda zu. Doch vorher halten wir noch kurz in München. Ist das nicht schon wieder eine Attraktion?

In Tannroda war die Strecke ein Jahr lang zu Ende, bis dann nach Kranichfeld weitergebaut werden durfte, das auf Meininger Gebiet lag. Der dafür zuständige Herzog – ja, der berühmte Theaterherzog Georg, der natürlich „hinter" dem Thüringer Wald residierte – hatte einfach ein wenig Bedenkzeit dafür gebraucht, ob denn eine Eisenbahn in seinem so fernen Landesteil sinnvoll sei.

Kranichfeld besitzt einen wunderbaren Endbahnhof. Nun gut, es ist eigentlich keiner mehr, oder was ist ein Gleis mit einem Prellbock unter großen, alten Bäumen? Mitte der achtziger Jahre mußte noch umgesetzt werden, und auch der Güterverkehr war durchaus noch beachtlich. Der lange Triebwagenschuppen erinnert an die Tage in den dreißiger Jahren, da schon einmal völlig neue Fahrzeuge für einen gewaltigen Aufschwung des Personen- und Ausflugsverkehrs sorgten…

Womit wir bei den interessanten Fahrzeugen auf dieser Strecke wären. Auch hier Attraktionen über Attraktionen: Dreikuppler erwiesen sich sofort aufgrund der starken Steigungen um Holzdorf und hinauf nach Blankenhain als zu schwach. B'Bn4v-Mallet-Tenderloks waren nötig, dann kamen bald verschiedene kräftige D-Kuppler zum Zuge. Zuerst in Naßdampf-, bald aber auch in Heißdampfausführung, zum Teil sogar in eigener Werkstatt umgerüstet. Da selbst bei diesen Maschinen des öfteren Doppelbespannungen nötig waren, mietete man zeitweise kräftigere Reichsbahnlokomotiven an, z.B. Maschinen der Baureihe 93.5.

1935 gönnte man sich etwas Besonderes: Einen modernen, dieselelektrischen Triebwagen. Der als T 05 bezeichnete Wagen war zweiteilig mit zwei äußeren Drehgestellen und einem mittleren Jacobs-Gestell. 1941 folgte noch der T 10, rein äußerlich dem Vorgänger recht ähnlich, aber als dieselmechanisches Fahrzeug von grundlegend anderem Aufbau. Gefahren sind wohl beide in jenen Jahren kaum noch.

Nach Krieg und Verstaatlichung bestand kein Zwang mehr, unbedingt mit den bahneigenen Tenderloks auskommen zu müssen. Nach Versuchen mit der Baureihe 94.5 fand man in der 58.10 die ideale Maschine. Nun gut, was heißt ideal – man rüstete die alten preußischen G 12 extra mit vierachsigen Drehgestelltendern aus, es muß gar zu sehr „geklemmt" haben in den engen Bögen aus Bachsteins Zeiten. Was war schon ideal in der DDR? Die alten D-Kuppler-Tenderloks wanderten auf andere Strecken oder in den Rangierdienst, dafür kamen wiederum andere, ganz ähnliche Maschinen nach Weimar. 1969 endete der Dampflokeinsatz. 110er mit „Reko-Büchsen", später mit den bekannten Bghw-Wagen bestimmten von nun an das Bild. Als wäre das irgend einem Verantwortlichen für die „Berksche Bimmel" zu langweilig gewesen, tauchten im Winterfahrplan 1981/82 auf einmal alte Liegewagen auf der Strecke auf! Diese aus Eilzugwagen der dreißiger Jahre rekonstruierten Fahrzeuge waren irgendwo überflüssig und wurden im Ilmtal „abgefahren". Was für ein Bild in den Straßen Bad Berkas! Und was für ein Genuß, mit 25 km/h im geschlossenen Abteil durch das Hengstbachtal zu schaukeln.

Das ist vorbei. Im alten Bahnhofsgebäude von Obergrunstedt wohnte noch vor kurzem ein alter Eisenbahner aus Ostpreußen, mit dem man über die Bahn plaudern konnte. Über die alte Eisenbahn.

Die neue Bahn hat vieles sehr richtig gemacht. Über die neuen mit Betonsteinen gepflasterten Bahnsteige kann man streiten, auch über die Hunderte von Metern von Geländern, die einen schützen. Vor was oder wem eigentlich? Ein Fall für den Landesrechnungshof in Sachen Steuergeldverschwendung, oder doch eine durch ganze Stäbe von Juristen gesegnete deutsche Vorschrift?

Egal – die Doppelstock-Schienenbusse rollen und werden angenommen vom Publikum. Ganze Scharen von Familien mit Kindern bevölkern am Wochenende die Züge. Die „Berksche Bimmel" lebt weiter.

Neusser Erinnerungen

Ein Blick in das Bw Neuss im Jahre 1932, von links nach rechts sind vertreten: 38 2643, 38 3116, 55 3428, 55 2764, 55 3873, eine weitere 55.25, 38 3113 und 36 006

Es war so, als wenn überall die Glocken läuten würden. In derartiger Festtagsstimmung befand ich mich an einem ganz gewöhnlichen Wochentag im Frühjahr 1953 an meinem Dienstort Neuss, als der Dienststellenleiter der Güterabfertigung, Bundesbahnamtmann Reinartz, mir die Verfügung der Bundesbahndirektion Köln über meine Abordnung mit dem Ziele der Versetzung zum Bahnhof bekanntgab. Endlich mit Zügen und Lokomotiven auf Tuchfühlung gehen, das war ja ohnehin mein Wunsch als Eisenbahner. Viele Kollegen scheuten eine Tätigkeit im Betriebsdienst, weil damit auch der körperlich anstrengende Nachtdienst verbunden war. Gewiß, Güterabfertigungsdienst, das ist natürlich auch ein Stück Eisenbahn. Aber die dort zu erfüllenden Aufgaben glichen eher der Tätigkeit in einer großen Spedition. Insofern nahm die Güterabfertigung (Ga) Neuss ganz bestimmt eine herausragende Stellung ein. Die am Ort ansässige Industrie (Landmaschinen, Metallverarbeitung, Ölmühlen, Margarinewerke sowie Hersteller hochwertiger Erzeugnisse der Genuß- und Nahrungsmittelbranche) brachte nachmittags durch die bahnamtliche Rollfuhr und weitere örtlich tätige Speditionen unübersehbare Mengen an Stückgutsendungen zur Auflieferung. Ein leistungsfähiges und flächendeckendes Netz von Umladestellen sicherte einen reibungslosen Stückgutverkehr zwischen allen Zentren. Selbst auf entlegenen Ladestellen in verkehrsarmen Gebieten kamen Kleinsendungen meistens schon am dritten Tag nach dem Versand zur Ablieferung an den Empfänger.

Der Ga Neuss war eine Umladehalle angeschlossen, in der 1956 im arbeitstäglichen

Durchschnitt 660 Tonnen Frachtstückgut (ohne Ortsgut Neuss) umgeladen wurden (Vergleich: Hannover Hgbf 1943 t, Köln Gereon 1618 t, Wanne-Eickel 1328 t). Immerhin bildete Neuss im Versand Stückgutwagen (als sogenannte Umladewagen) im täglichen Turnus zu folgenden Umladestellen: Bamberg, Darmstadt, Frankfurt (M) Hgbf, Kassel, Köln Gereon und Kalk Nord, Kreuztal, München-Laim und Offenburg sowie weiteren Umladestellen im Netz der DB. Der Wagenlauf vollzog sich in vorgeschriebenen Beförderungsplänen (ähnlich wie bei Reisezügen) und vorwiegend in Eilgüterzügen. Für die Stückgutbeförderung wurden hauptsächlich G-Wagen mit Flachdach der Gattung G 10 gestellt; seltener dagegen waren dies Fahrzeuge der Bauart Oppeln.

An den Rampen der zentralen Umladestellen wurden auch kleinere Zugeinheiten be- und entladen, die als sogenannte „Leig" (leichter Güterzug) längere Streckenabschnitte mit zahlreichen kleinen Bahnhöfen und entsprechend geringem Stückgutaufkommen bedienten. Es ist ja bekannt, daß diese Zuggarnituren in der Regel aus zwei kurzgekuppelten Gl-Wagen (Gattungsbezirk Dresden) mit durchgängiger Ladefläche bestanden. Arbeitstäglich verließen folgende Leig (Abfahrt frühmorgens und Rückkehr am Abend), die betrieblich als Naheilgüterzüge (Ne) durchgeführt wurden, den Bahnknoten Neuss: Zwei Ne nach Kleve (über Geldern und über Moers); zwei Ne nach Aachen West (über Mönchengladbach – Herzogenrath und Mönchengladbach – Jülich); ein weiterer Leig (Ne) hatte Düren zum Ziel, und schließlich lief solch eine Fuhre auch über Krefeld – Kempen nach Kaldenkirchen. Im Bedarfsfall konnten aus dem Reservebestand auch zwei Leig-Einheiten gekuppelt werden. Die Fahrzeit der Leig-Züge auf den 80 km langen Laufwegen nach Aachen bzw. Kleve betrug infolge des zeitraubenden häufigen Ladegeschäfts auf fast allen Zwischenbahnhöfen, etwa 6-7 Stunden.

So begab ich mich also als junger Bundesbahninspektor, der eingangs erwähnten Abordnungsverfügung folgend, auf den kurzen Weg zu meiner neuen Dienststelle und stellte mich dort dem künftigen Chef und Dienststellenleiter des Bahnhofs, Amtmann Held, vor. Die Geschäftsräume im Empfangsgebäude waren gerade so 200 Meter von der Güterabfertigung entfernt. In einem kurzen informativen Gespräch umriß der Dienststellenleiter meine künftigen Aufgaben als Außenvertreter des Bahnhofs, und er verwies dabei nicht ohne Stolz auf die Bedeutung der Dienststelle für den Personen- und Güterverkehr. Und er hatte recht: Denn angesichts der vielfältigen und schwierigen Aufgaben, insbesondere im Güterverkehr und nicht zuletzt auch wegen des beachtlichen Personalbestandes von 400 Dienstkräften, gehörte der Bahnhof Neuss der Rangklasse Ia an. Dann stand ich wieder vor der Türe. Denn jetzt hieß es, erst einmal Einblick bekommen in die Dienstgeschäfte der fünf Aufsichtsbeamten (AB-Bezirk I/II im Pbf und AB-Bezirke III bis V im Gbf).

Nach kurzer Einweisung im Personenbahnhof war es wichtig, die Zusammenhänge des Güterverkehrs kennenzulernen. Im Güterbahnhof arbeiteten rund um die Uhr in jeder Dienstschicht drei Rangierkolonnen. Das waren 21–22 Kräfte pro Schicht. Damit das Rangiergeschäft auch zügig lief, wurden in der Regel drei, mitunter auch vier Rangierlokomotiven der Baureihen 55.25-56 (preuß. G 8.1) benötigt und vom Bw Neuss gestellt. Die betriebliche Durchführung aller Aufgaben im Gbf war in Rangier-Arbeitsplänen geregelt. Überhaupt gab es fast keine Bewegung auf der Schiene, die nicht durch Dienstvorschriften geregelt war. Um alles am Laufen zu halten, gab es eine Bahnhofsfahrordnung und eine Lokomotivfahrordnung.

Wichtig für den Betriebsdienst und die Abfertigung der Züge waren die Fahrdienstvorschriften und Zugbildungvorschriften. Damit auch jeder Wagen auf den richtigen Zug oder den für ihn vorgesehenen Ladeplatz rangiert wurde, gab es noch den Wagenübergangs- und Bahnhofsbedienungsplan. Als interessante großformatige Schrift wäre noch das Bahnhofsbuch zu erwähnen. Es beschrieb in aller Ausführlichkeit sämtliche betrieblichen und technischen Anlagen am Ort, auch die der angrenzenden Dienststellen (Betriebswerk, Bahnmeisterei, Signalmeisterei,

Güterabfertigung u.a.). Das Buch schloß ab mit einem großen maßstäblichen Lageplan des Bahnhofs, der ebenfalls alle Einzelheiten des gesamten Areals enthielt.

So nun gerüstet, konnte ich meiner neuen Tätigkeit entgegensehen. Doch halt! Da ich von diesem Zeitpunkt an verpflichtet war, Dienstkleidung zu tragen, war unterdessen der DB-Vertragsschneider aus Köln-Nippes angereist, um im Büro der Dienststelle meine Körpermaße zu ermitteln. Es wurde also keine vorgefertigte Konfektionsware geliefert, vielmehr war die Uniform durch Schneider-Handarbeit als sogenannte Maßkonfektion entstanden. Ach, war ich stolz auf meine neue Dienstkleidung, mit Goldrand-Kragenspiegel!

Endlich aber ging es dann zur Tagesordnung über. Als Außenvertreter der Dienststelle löste ich einen älteren Kollegen ab, den man vom anstrengenden Wechseldienst freistellte und bis zu seiner Zurruhesetzung im Verwaltungsdienst weiterbeschäftigte. Immerhin betrug die Arbeitszeit der im dreiwöchigen Turnus wiederkehrenden Nachtdienstwoche ganze 57 Stunden. Zu dritt bildeten wir ein lückenloses Aufsichtsteam im Früh-, Spät- und Nachtdienst, das die Leitung der Dienststelle direkt vor Ort vertrat. In unserer Funktion (als Bahnhofsmanager) waren wir weisungsberechtigt, um z. B. bei Zugverspätungen koordinierend in den Rangierablauf eingreifen zu können. Dasselbe galt bei Rangierunfällen (kam leider schon mal vor), Gleissperrungen, extremen Witterungseinflüssen oder anderen unvorhersehbaren Ereignissen.

Die Hauptlast des Güterzugein- und -ausgangs und des damit verbundenen Rangiergeschäfts lag in den Nachmittags- und Nachtstunden. In der Regel waren arbeitstäglich um die 1600–1800 Wagen, in Spitzenverkehrszeiten bis 2100 Wagen und noch darüber, im Abdrück-, Abstoß- oder Umsetzverfahren zu behandeln.

Schritt ich morgens gegen 6 Uhr über den laut Bahnhofsbuch vorgeschriebenen Dienstweg vom Bahnsteig 4 zum Büro im Erdgeschoß des Fahrdienstleiter-Stellwerks (Nmf), um meinen Kollegen des Nachtdienstes abzulösen, fiel der Blick spontan auf die Stirnfronten der vier nebeneinander stehenden Lokomotiven mit ihren nachts und frühmorgens gebildeten Nahgüterzügen nach Viersen, Rheydt, Düren und Köln-Nippes. In dieser Reihenfolge standen je zwei Maschinen der Baureihe 55.25-56 und 50, die in der 6-Uhr-Lage auf die bevorstehende Ausfahrt warteten. Daß die Ziele Köln und Düren erst in der 13. bis 14. Stunde erreicht wurden, lag allein an den zeitaufwendigen Rangierarbeiten auf den Bahnhöfen an der Strecke. Weitere betriebliche Höhepunkte des Vormittags bestimmten die Durchgangs-Eilgüterzüge (mit Zuglaufüberwachung) De 5135 Köln Gereon – Kaldenkirchen (– Venlo) mit Seeausfuhrgut über Rotterdam und der De 5120 von Hamburg Han (Hannoverscher Bf) nach Köln Gereon. Der 5120 setzte mit seiner Zuglok, einer 41 vom Bw Wanne-Eickel, Wagen aus der Spitzengruppe für Neuss und Übergang aus. Sporadisch kamen mit dem 5120 auch Loks der Reihe 50, die mit den ersten Versuchs-Kabinentendern gekuppelt waren. Hatte in Hamburg ein Bananendampfer seine Fracht gelöscht, kam es vor, daß an einem Vormittag 2–3 Bedarfs-Eilgüterzuge (Bananen-Ganzzüge) in Neuss Gbf eintrafen, die am Zugende Wagen für Neuss und zum Übergang in die Region (M'gladbach, Krefeld und Viersen) absetzten. Die in einem Bedarfsfahrplan verkehrenden Züge wurden natürlich rechtzeitig mit Fernschreiben (Fahrplan, Achsenzahl und Bespannung) angekündigt. Eine Begegnung mit diesen Bananenzügen hätte so manches Eisenbahnfreundeherz (so was gab es damals noch sehr, sehr selten) tatsächlich höher schlagen lassen. Die Wagenreihung dieser Bedarfszüge bestand noch Mitte der fünfziger Jahre in der Regel aus vierachsigen amerikanischen Heeresfahrzeugen der US-Armee mit britischem Lichtraumprofil. Und so zog nach kurzem Aufenthalt meist eine Osnabrücker 03 mit ihren 10–15 kleinen Wägelchen an mir vorbei gen Köln Gereon, wo die „Fuhre" aufgelöst wurde. Herrje! Wäre das für die Nachwelt ein Bild geworden, wenn man die Eisenbahn damals so fotografisch verehrt hätte wie heute!

In den Spätdienststunden am Nachmittag und Abend ging es nicht mehr so salopp zu wie vormittags. Je mehr der Tag sich neigte, umso stärker stiegen die betrieblichen Anforderungen. Den Brückenschlag zwischen Skandinavien und Belgien/Großbritannien stellte der De 5030 her, mit seinem Laufweg von Flensburg Weiche nach Aachen West (– Montzen). Er traf um 15 Uhr ein und war wie der 5120 mit einer 41er aus Wanne-Eickel bespannt. Der Zug bestand aus zahlreichen Kühlwagen (auch Fährbootwagen für den Kanaltrajekt über Zeebrügge). Nicht selten befanden sich an der Zugspitze Pferdetransporte von Dänemark nach Belgien. Eilfrachten für Mönchengladbach und Rheydt wurden in Neuss abgesetzt und gegen 15.30 Uhr als Klein-Naheilgüterzug (Kne 25030) bis Rheydt nachgeführt. Sollte für diese „Kleinfuhre" (oft nur 5–8 Wagen) keine 50er bereitstehen, lief der Kne aber ebensogut auch mit einer 86er vom Bw Neuss.

Es gab aber auch Momente im Betriebsablauf des Maschinendienstes, bei denen mir der Zusammenhang unklar war – es war ja nicht mein Aufgabengebiet. So stellte sich mir die Frage, warum eine fabrikneue Lok der Reihe 23 vom „Bw Mö. Gladbach" (Führerhausanschrift!) um 16 Uhr als Leerfahrt von M'gladbach in Neuss Gbf eintraf, um später einen Nahgüterzug zum Rangierbahnhof Hohenbudberg zu befördern, denn dort gab es ja auch nur Verwendung im Güterzugdienst, oder es wurde eine erneute Leerfahrt nach Duisburg Hbf bzw. Krefeld Hbf nötig, um wieder ins Netz der Reisezüge zu gelangen. Ich hätte ja nur den Lokführer zu fragen brauchen. Aber damals erschien es mir nicht so wichtig wie heute.

Eine bedeutende Aufgabe bestand in der Zugbildung Neuss – Wuppertal-Vohwinkel; eine Strecke von gerade mal 30 km. Über diesen Leitungsweg liefen in beiden Richtungen internationale Durchfuhrgüter Westeuropa (Belgien/Holland) – Osteuropa bis hin zum Balkan. Drei während der Nachmittags- und frühen Abendstunden gebildete Durchgangs-Güterzüge, die Dg 7707, 7709 und 7713, reichten oft nicht aus, um die anfallenden Frachten abzubefördern. Im Hinblick auf den Steilstreckenabschnitt Erkrath – Hochdahl (Neigung 1:30) war die Zuglast meines Wissens auf 1000 Tonnen beschränkt. Die Zugförderung lag ausschließlich bei der Baureihe 44 vom Bw Wt-Vohwinkel. Um es klar auszudrücken: Auf der Strecke nach Wuppertal ist zwischen den Bahnhöfen Erkrath und Hochdahl auf einem Abschnitt von 2,5 km ein Höhenunterschied von 81,61 m zu überwinden. Auf keiner anderen deutschen Hauptbahn wird dieses Neigungsverhältnis erreicht. Um die mit Frachtgutwagen für die DR und die Empfangsländer in Ost- und Südosteuropa besetzten Gleise bald wieder freizubekommen – es sollten ja auch keine allzu großen Beförderungsverzögerungen und Wagenrückstände eintreten – bestand Handlungsbedarf bereits im Vorfeld der sich zuspitzenden Betriebssituation. Unter Angabe der Achsen- und Wagenzahl wurde die zuständige Zugleitung in Mönchengladbach fernmündlich benachrichtigt mit dem dringenden Ersuchen, eine Lokomotivreserve mit einem Zugbegleiter (im Pwg) bereitzustellen und nach Neuss zu entsenden. Das Verfahren ist vergleichbar mit einer Rufbereitschaft. Je nach Tageszeit kam die Einheit (eine Lok der Baureihe 50 mit Pwg) entweder von den Bahnbetriebswerken in Neuss, Rheydt, Hohenbudberg oder nach Absprache mit der Nachbardirektion Wuppertal gelegentlich auch vom Bw Düsseldorf-Derendorf.

Für Wagenladungen nach Südosteuropa war folgender Leitungsweg vorgesehen: Soest – Ottbergen – Walkenried (Übergang DB/DR) – Halle (Saale) – Dresden-Friedrichstadt – Bad Schandau (Übergang DR/CSD). Auf diesem Wege erzielten die Bahnen des Ostblocks den größeren Nutzen. Es ist aber auch denkbar, daß diese Lösung vereinbart worden war, weil der klassische und schnellere Weg durch das Rheintal und über Würzburg, Passau, Wien ausgelastet und nicht weiter aufnahmefähig war.

„Die Eisenbahn, dein Freund und Helfer", könnte man die folgenden Zeilen überschreiben! Im Verkehr mit Südosteuropa ist nämlich über eine interessante Begebenheit zu berichten, die sich durch den plötzlichen Kälteeinbruch in Europa Anfang Februar 1956 ereignete. Der Rhein führte Treibeis und war stellenweise sogar zugefroren. Eine große Neusser Ölmühle bezog ihre

Das Empfangsgebäude des Bahnhofes Neuss gestern und heute: Oben eine Aufnahme von 1920. Die Bahnanlagen in Neuss und auch das in Formen der niederländischen Renaissance errichtete Gebäude wurden bei Luftangriffen am 23. September 1944 schwer getroffen. Unten der schlichte Neubau aus den Jahren 1950/51, aufgenommen in der Mitte der achtziger Jahre

Was für ein Prachtstück: Die bestens gepflegte 36 006, eine preußische P 4.2, war zu Beginn der dreißiger Jahre in Neuss beheimatet und damals schon eine Vertreterin der „guten alten Zeit“

Sojabohnenlieferungen aus Ungarn ausschließlich über den Adriahafen Rijeka auf dem Wasserweg via Rotterdam nach Neuss Rheinhafen. Durch den anhaltenden strengen Frost konnte das Binnenschiff mitsamt der Ladung den Neusser Hafen nicht erreichen. Da Väterchen Frost nun die Regeln des Verkehrs bestimmte, herrschte bei allen betroffenen Eisenbahnverwaltungen akuter Wagenmangel. Alle Versender brauchten jetzt die Bahn, die ihrerseits selbst mit Schnee und hartnäckigem Frost fertig werden mußte. Während dieser Frostperiode traf mit einem Durchgangsgüterzug von Wuppertal-Vohwinkel eine aus ca. 20 gedeckten MAV-Wägelchen bestehende Fahrzeuggruppe in Neuss ein, die bald darauf über unseren Vorbahnhof der im Hafengebiet ansässigen und in Produktionsnot geratenen Ölmühle zugestellt wurde. Beim Anblick dieser Wagen stand ich fast starr vor Rührung! Diese echte Fuhre aus bauartgleichen G-Wagen stammte aus dem vorigen Jahrhundert und war ebenda 60 Jahre alt. Der Beförderung dieser infolge Überalterung nicht RIV-fähigen Fahrzeuge hatten aber alle Eisenbahnen, deren Strecken befahren wurden, durch Fernschreiben zugestimmt. So war auch mir die Ankunft der Wagengruppe mit alten Stangenpuffern und zu kurzem Achsstand nicht verborgen geblieben.

Weitere Frachtgutabfuhren mit Durchgangsgüterzügen erfolgten nach Hohenbudberg, Aachen West und Gremberg. Diese Verbindungen waren in der Regel aber nicht so nachfragestark wie die nach Wuppertal-Vohwinkel und weiter nach Osten. Der Güterbahnhof Düsseldorf-Derendorf war ebenfalls Endbahnhof einiger in Neuss gebildeter Nahgüterzüge (Ng). Bei diesen Zügen waren auch noch Lokomotiven der Baureihen 57.10 und 94.5 (preuß. G 10 und T 16.1) vom Bw Derendorf an der Zugförderung beteiligt. Ansonsten war die Baureihe 50 allgegenwärtig.

Als ständiges Sorgenkind im Nachtdienst erwies sich der unter Zuglaufüberwachung stehende

De 5109 Aachen West – Hamburg-Eidelstedt (mit Eilfrachten aus Belgien), der in der Regel verspätet in Neuss eintraf. Auf eine weitere pünktliche Durchführung des Zuges (planmäßige Abfahrt 0.09 Uhr) wurde allergrößter Wert gelegt wegen der sonst zu erwartenden Behandlungsschwierigkeiten in Duisburg und Wanne-Eickel während der Nachtstunden. Außerdem bestand bei einer Verspätung die Befürchtung, daß wichtige Seeausfuhrgüter in Bremen und Hamburg ihren Schiffsanschluß versäumen könnten. Der De 5109 wurde in Neuss völlig neu gebildet. In der durch die Eingangsverspätung verursachten verkürzten Zeit der Zugumbildung mußten zwei Lokomotiven das Rangiergeschäft erledigen. Da beim 5109 nur im Abstoß- und Umsetzverfahren gearbeitet werden konnte, beteiligte sich neben der Rangierlok des AB-Bezirks V auch die Zuglok (Baureihe 41 aus De 5030) an der Neubildung des Zuges. Alle Beteiligten atmeten erleichtert auf, wenn sie den letzten Wagen des oft 100 Achsen starken Zuges mit den leuchtenden Zugschlußlaternen kurz nach Mitternacht Richtung Düsseldorf davonrollen sahen.

Nur wenige Schritte vom Büro des Außenvertreters entfernt verläuft die über die Ostseite des Personenbahnhofs führende Hauptstrecke von Köln nach Krefeld mit der Krefelder Abzweigung Lohbruch, zur Fahrt in Richtung Duisburg und zu dem großen Rangierbahnhof Hohenbudberg. In meist nur kurzen Abständen donnerte über diese Rollbahn eine große Zahl von Güterzügen, die in Neuss keiner Behandlung unterzogen wurden. Besonders in den Nachtstunden lag hier eine heute unvorstellbare Zugdichte. Züge mit Montangütern, deren Lastgrenze oft die 2000-Tonnen-Grenze überschritt, liefen von der Ruhr und dem linksrheinischen Zechenrevier um Moers/Rheinkamp zur Saar und nach Lothringen.

Vor derart schweren Zügen waren die Lokomotiven der Baureihe 50 nicht selten überfordert, was in Neuss zu besonderen betrieblichen Maßnahmen führte. In diesem Montan-Programmverkehr liefen aber auch vereinzelt 44er vom Bw Koblenz-Lützel von Hohenbudberg bis Koblenz Moselbahnhof, die mit den hohen Zuggewichten besser fertig wurden (Dg 6550, 6560 und 6570).

Gegen 2 Uhr erfolgte dann die Durchfahrt eines Durchgangsgüterzuges von Hohenbudberg nach Köln-Eifeltor, der fallweise hinter der Zuglok (Baureihe 50) einen vierachsigen Selbstentladewagen russischer Herkunft beförderte (Beutefahrzeug aus dem zweiten Weltkrieg mit 60 Tonnen Ladegewicht und Entladeöffnungen im Boden). Der Wagen war vollgepackt mit Dienstkohle von der Zeche Rheinkamp für das Bw Ludwigshafen. Da der hochbordige Großraumwagen in Breite und Höhe das auf unserem Netz zulässige Lichtraumprofil geringfügig überschritt, wurde diese ungewöhnliche Fuhre als sogenannte „Lü-Sendung" (Lademaßüberschreitung) tags zuvor auch telegrafisch vorgemeldet zur Überwachung.

Wenig später zog das Ein- und Ausfahrsignal Personenbahnhof Ostseite wieder grünes Licht für einen nur aus Kühlwagen bestehenden Bedarfs-Schnellgüterzug, der allerdings nicht täglich verkehrte, hier aber im Wortlaut des Dienstfernschreibens wiedergegeben werden soll: *„Am (Datum) verkehrt Bedarfs-Sg (Zugnummer) von Rotterdam nach Basel mit Ladegut Bananen, Last 350 Tonnen, Lok und Personal Bw Mönchengladbach von Venlo bis Bingerbrück".*

Die Zuglok war stets eine 23er mit zwanzig, oft mehr, modernen Interfrigo-Wagen. Und es war eine respektable Leistung für Lok und Personal, die 248 Kilometer in der Nacht! Ich fragte mich immer nur, warum wohl die Eidgenossen ihre Bananen über Rotterdam einführten.

Es würde eine Lücke entstehen, wenn nicht über den Wageneingang und -ausgang im angegliederten Vorbahnhof berichtet wird. Dieser die linksrheinische Stadtgrenze Düsseldorfs tangierende Bahnhofsteil von Neuss, erwies sich für den Versand und Empfang im Ladungsverkehr stets als eine sprudelnde Quelle. Hier fanden Übergabe und Übernahme von Zügen zwischen der DB und der Neusser Ring- und Hafenbahn (spätere Neusser Eisenbahn) statt. Allein in den späten Nachmittags- und frühen Abendstunden mühte sich die sogenannte Vorbahnhofslok, eine G 8.1, mit drei ausgelasteten Übergabe-

Aus dem Bahnhofsbuch Neuss der fünfziger Jahre

Rangklasse Ia	
Länge des Bahnhofs	4,5 km
Gleislänge	103,5 km
davon Hauptgleise	45,2 km
davon Nebengleise	58,3 km
Fahrdienstleiter-Bezirke	6
davon 3 Abzweigstellen	
Aufsichtsbezirke	6
Rangierbezirke	6
Stellwerke	10
davon elektrische Weichen- und Signalstellwerke mit 263 Hebeln	7
davon mechanische Weichen- und Signalstellwerke	2
davon mechanisches Weichenstellwerk	1
Signale	169
davon Hauptsignale	63
davon Vorsignale	27
davon Lichtsperrsignale	33
davon Gleissperrsignale	23
davon Gleissperrsignale mit Wartezeichen	5
davon Vorrücksignale	11
davon Abdrücksignale	7
Weichen	387
davon elektrische Weichen	97
davon mechanische Weichen	32
davon handbediente Weichen	58
Hebekräne (Ladestraße elektrisch 30 t – Handkran 5 t)	2
Gleisbrückenwaagen (Ladestraße 50 t – Vorbf 40 t)	2
Lademaße	2
Besserladeeinrichtung	1
Lokschuppen mit 19 Ständen	1
Drehscheibe (23 m Durchm.) und 350 t Tragfähigkeit	1
Drehscheibe (17 m Durchmesser)	1
Kohlenbühne für 3500 t Fassungsvermögen	1
Solleistung des Gbf (Wagenausgang) pro Tag	1800 Wagen
Spitzenleistung pro Tag	2100 Wagen
Umladehalle pro Tag	660 t Umschlag
Güterzüge pro Tag	68 Regelzüge
Reisezüge pro Tag	173 Regelzüge

zügen (Üb) vom Vorbahnhof zum Neusser Güterbahnhof hinauf. Das Ladegut bestand überwiegend aus Industriegütern und landwirtschaftlichen Fahrzeugen. Während die Zuglok gleich wieder zum Vorbahnhof hinuntereilte, wurden die eingegangenen Üb wechselweise durch die Rangierloks der AB-Bezirke III und V über den Ablaufberg Süd bzw. Nord aufgelöst. Das Frachtaufkommen war beträchtlich. In der Berichtszeit betrug der jährliche Güterumschlag mit der Neusser Ring- und Hafenbahn über 700 000 Tonnen.

In der Regel ruhte der Güterzug- und Rangierdienst sonntäglich von 6 Uhr bis montags in der Frühe. Bis Sonntagmittag wurden noch Restarbeiten erledigt und die Ausgangszüge für Montagmorgen fertiggestellt.

Dagegen war die Betriebssituation während des Herbstverkehrs eine grundsätzlich andere. Zur Beschleunigung des Wagenumlaufs (Hochbedarf) wurde auf Anordnung der Direktion an Sonntagen dann oft nach „Plan C" gefahren. Dahinter steckte die Weisung, den Güterzugverkehr an Sonn- und Feiertagen genauso wie an Werktagen uneingeschränkt durchzuführen. In dieser Zeit des Ernte- und Rübenverkehrs kam es häufig vor, daß die tägliche Solleistung des Güterbahnhofs (2100 Wagen) beträchtlich überschritten wurde. Bei dem erhöhten Wagendurchgang konnten die anfallenden Rangieraufgaben dann nur noch mit größter Anstrengung und manchmal auch nur mit zeitlicher Verzögerung bewältigt werden.

Neuss mit seinen 80 000 Einwohnern (1956) liegt im Schnittpunkt der Strecken Köln – Krefeld – Kleve und Düsseldorf – Mönchengladbach –

Die 03 005 – hier im Karnevalsschmuck – gehörte in den fünfziger Jahren zum Bw Köln-Deutzerfeld. Nach umständlichen Sägefahrten zum Drehen in Neuss bespannte sie u.a. den Expr 3006 bis Köln Hbf

Die „Arbeitspferde" – preußische G 8.1, Baureihe 55.25 – rackerten sich auch in Neuss bei Tag und Nacht ab. Die 55 3634 vom Bw Köln-Nippes kam von Köln her nach Neuss, Krefeld und Hohenbudberg

Aachen. Der Personenbahnhof mit regem Orts- und Umsteigeverkehr liegt in zentraler Stadtlage, und auf vier Bahnsteigen kommen die Reisenden zu und von den Zügen.

Allerdings wird dieser Komplex durch die Insellage des Empfangsgebäudes in eine Ost- und Westseite mit je zwei Bahnsteigen und den Betriebsgleisen 1–4 Ost (Krefeld/Düsseldorf – Köln/Düren) und 1–4 West (Düsseldorf – Mönchengladbach/Viersen) geteilt. Die Zahl der Fernreisezüge erreichte natürlich nie den Umfang der schnelleren Züge auf der gegenüberliegenden rechten Rheinseite, dem kürzeren Weg von Köln über Düsseldorf zur Ruhr.

Der Fernfahrplan knüpfte zum Teil an alte Reichsbahntraditionen an, denn auch in den 50er Jahren liefen die Schnellzugpaare D 47/48 München – Norddeich, D 97/98 Köln – Westerland und D 307/308 München – Amsterdam über Neuss. Beim Wiederaufbau des Nachkriegsfahrplans bemühte sich die DB ständig um Verbesserungen und Neuerungen im Zugangebot. So fand Anfang der fünfziger Jahre auch der „Austria-Expreß" von Hoek van Holland nach Klagenfurt seinen Laufweg über Neuss.

Ein Netz von sogenannten Leichtschnellzügen, mit neuem Wagenmaterial ausgestattet, wurde geschaffen. Zu dieser Gruppe zählten auch die neuen Zugpaare D 171/172 Basel – Krefeld und D 365/366 München – Nijmegen. Im D 308 konnten in Neuss zusteigende Reisende in direkten Kurswagen nach Innsbruck, Ancona und sogar nach Triest (!) Platz nehmen. Und heute?

Drei wichtige Eilzugverbindungen des Fernverkehrs haben es ebenfalls verdient, genannt zu werden. Die ehemaligen Fernzugpaare D 29/30 und P 333/334 (beschleunigte Personenzüge) Aachen – Neuss – Berlin aus der Reichsbahnzeit wurden durch die Teilung Deutschlands in die Eilzugpaare E 529/530 und E 533/534 Aachen – Braunschweig umgewandelt. Beachtung finden sollte schließlich noch das Zugpaar E 741/742 Stuttgart – Krefeld. Am Interzonenverkehr war Neuss mit den D 135/136 Mönchengladbach – Dresden und D 195/196 Mönchengladbach – Leipzig beteiligt. Für diejenigen Leser, die sich für die Zugbildung interessieren, hier noch eine Seltenheit im Schnellzugdienst: Der D 58 Dortmund – Frankfurt (M) – Linz (Donau) führte an der Zugspitze, hinter der Wiesbadener 01, zwei zweiachsige Milchkesselwagen der Moha-Milchwerke, im Nachtsprung von Münster (W) nach Frankfurt (M)!

Beginnende und endende Reisezüge gab es im wesentlichen nur im Nahverkehr mit Düren und Viersen. Im übrigen war Neuss nur Zwischenstation im Bezirksverkehr Köln – Krefeld – Kleve (Pbf Ostseite) und Düsseldorf – Mönchengladbach – Aachen (Pbf Westseite). Bemerkenswert waren auch die guten Eil- und Schnellzugverbindungen über Kleve ins holländische Nijmegen. Eine gehörige Portion Ärger bescherte sehr häufig der E 785 Gießen – Köln – Düsseldorf, der mit einer Siegener Neubaulok der Reihe 23 gefahren wurde. Befragte man gegen 9.30 Uhr an Gleis 4 Ost das Lokpersonal nach der dauernden Verspätungsursache, kam blitzschnell die Antwort aus dem Führerhaus: „Wer diese Maschinen konstruiert hat ..." – und dann prasselten harte Sprüche aus den Fenstern auf den Bahnsteig. Na, die 23er hatten wohl so dann und wann ihre Mucken.

Nur wenige Schritte sind es vom Empfangsgebäude zur früheren, nach dem Krieg stillgelegten Eilgutabfertigung. Dort herrschte, außer montags, täglich gegen 21 Uhr reges Treiben. Auf den zwischen der Bahnsteig-Ost- und Bahnsteig-West–Seite liegenden kurzen Laderampen wurde Postgut sortiert und in bereitstehende Postwagen ein- und umgeladen. Mit Reisezügen aus Krefeld und Mönchengladbach liefen am Abend auch einige Expreßgutwagen zu, und bald darauf begann die Rangierlok Pbf, in der Regel eine Lok der Baureihe 86, mit der Zugbildung. Wenn der letzte Reisezug nach Köln kurz nach 23.30 Uhr das Gleis 1 Ost geräumt hatte, wurde auf diesem Bahnsteiggleis der aus Gepäck- und Postwagen (Pw 4ü, MPw 4ü, Post 4ü) gebildete Zug als Expr 3006 Neuss – Nürnberg bereitgestellt. Das Ladegeschäft wurde aber noch bis Mitternacht fortgesetzt. Inzwischen hatte sich schon die als Leerfahrt (Lz) aus Köln herübergekommene Deutzerfelder 03 an die Zugspitze gesetzt, um den aus 5–6 Drehgestellwagen der DB und DBP bestehenden Zug um 0.11 Uhr nach Köln Hbf (Kopfmachen) zu überführen.

Wenn in der Nacht die Arbeit im Gbf auf Hochtouren lief, gab es auch im Pbf für einige Augenblicke noch einmal etwas zu tun. Denn kurz nach 2 Uhr lief in Gleis 2 Ost der De 5110 Cuxhaven – Köln Gereon ein. Der nur aus Kühlwagen gebildete Eilgüterzug, mit frischen Seefischerzeugnissen als Ladegut, ließ am Zugschluß eine kleine Wagengruppe stehen, die für Neuss Ort und Übergang in die engere Region bestimmt war. Hier machte sich noch einmal die Rangierlok Pbf nützlich und überführte die Kühlwagengruppe aus Gleis 2 Ost zur Weiterbehandlung in den Gbf.

Die Wirtschaftlichkeit der Rangierlok Pbf war wegen der nicht fortwährenden Beschäftigung oft in Frage gestellt. Sie wurde auch nur stundenweise eingesetzt; zum Abziehen und Bereitstellen von Personenwagen-Garnituren auf der Ostseite und u.a. auch zum Überführen leerer Viehwagen aus dem Gbf zur Entseuchungsanlage. Um 1956/57 wurde die Dampflok durch eine Kleinlok der Köf-Bauart ersetzt.

Es waren ja auch noch Schreibarbeiten zu erledigen. In einem Dienstbuch wurden lückenlos alle besonderen Vorkommnisse registriert. Rangierunfälle, mit oder ohne Materialschaden, mußten bearbeitet und die Ursachen geklärt werden. Rangierneulinge wurden eingewiesen, als Hemmschuhleger ausgebildet und anschließend formlos geprüft. 1958 kamen infolge des Arbeitskräftemangels die ersten italienischen Gastarbeiter als Rangieranfänger zum Bahnhof Neuss.

Eine weitere Aufgabe bestand noch darin, im Bedarfsfall Güterzugpackwagen (Pwg) herbeizuschaffen. Seit Aufhebung ihrer Beheimatung und Einführung der freizügigen Verwendung waren die Pwg, bedingt auch durch steigende Zugzahlen, oft restlos vergriffen, und das Packwagensammelgleis neben dem Stellwerk „Nmf" blieb leer. Unter Angabe des Bestandes und Bedarfs sorgte die BD dann für einen entsprechenden Ausgleich. So wurden Pwg, soweit vorhanden und entbehrlich, mit Planzügen von benachbarten Rangierbahnhöfen zugeführt. Andererseits haben auch wir an Bedarfsbahnhöfe, nach Abgabeweisung durch die BD, Zugbegleiter-Pwg abgeben müssen.

Zum Schluß möchte ich nicht vergessen, die Lampisten des Güterbahnhofs, die zugleich auch Zugaufrüster waren, zu erwähnen. Diese fleißigen, gewissenhaften und willigen Mitarbeiter umsorgten die Zugschlußlaternen (DB-intern: Oberwagenlaterne, kurz OWL), je eine Kraft im Spät- und Nachtdienst. Als sogenannte Aufrüster hängten sie bei beginnenden oder endenden Güterzügen die OWL auf bzw. ab. An diesen für einen sicheren Zugbetrieb so wichtigen Signalmitteln trat ab Mitte der fünfziger Jahre auch insofern ein fühlbarer Mangel ein, weil Unbefugte diese Signallaternen für eigene Zwecke einfach entwendeten. Durch vermehrte Indienststellung von Neubau- und Umbau-Reisezugwagen, die mit elektrischen Zugschlußsignalen ausgerüstet waren, kam es zu einer vorübergehenden Entspannung bei den – von vielen Fremden weiterhin begehrten – Oberwagenlaternen.

Alle Welt spricht vom Güterverkehr auf der Schiene, der Straße und zu Wasser. Der DB von heute war dieses Wort wohl zu sehr abgegriffen. Neu traten die Begriffe „Ladungsverkehr" und „Cargo" an seine Stelle. Ohne Zweifel hat sich auf der Schiene in 40 Jahren manches verändert. Nun mag es heißen wie es will – auf dem heutigen europäisch liberalen Verkehrsmarkt wird es der Deutschen Bahn nicht mehr gelingen, die Güterverkehrsleistungen der DB in den fünfziger Jahren zu erreichen.

Seit vielen Jahren reden die Politiker in steter Wiederholung davon, die Straßen vom Güterverkehr zu entlasten. Nur den Mut, diesen Prozeß auch wirklich in Gang zu setzen, hatten die Verantwortlichen bis jetzt noch nicht. Es blieb nur bei den üblichen Sonntagsreden. Inzwischen haben Experten analysiert und herausgefunden, daß die Schiene ohnehin nicht mehr in der Lage sei, mehr als zehn Prozent des Straßengüterverkehrs zu übernehmen …

Auf dem Führerstand

Der Dienst auf einer Dampflokomotive war vor allem für den Heizer harte Knochenarbeit

Der Führerstand einer Lokomotive war jener Ort, an dem sich viele Träume konzentrierten

München – Würzburg – München auf der 44 1634

Rangierbahnhöfe haben keine Bahnsteige. Reisende haben dort nichts zu suchen, es gibt da keine Unterführungen, und das Überschreiten der Gleise ist gefährlich. Wer aus dienstlicher Veranlassung mit einem Güterzug fahren muß, muß unter den einigen Dutzend Gleisen eines großen Rangierbahnhofes jenes Gleis, auf dem sein Zug ankommen und abfahren wird, schon selbst suchen. Es gibt da keine Hinweisschilder. Was ein Eisenbahner ist, der erkennt schon – vorausgesetzt, daß er weiß, ob sein Zug nach Osten oder Westen weiterfahren wird – an der Aufstellung der Signale, wo sein Zug ankommen muß. Im Zweifelsfalle wirft er einen Blick auf den im Betriebsgebäude aufgehängten Gleisbelegungsplan. Da sieht er dann, daß z. B. der Lg 10921 Freilassing – München-Ost – München-Laim – Ingolstadt – Treuchtlingen – Würzburg – Mainz im Rangierbahnhof München-Laim auf Gleis 16 ankommen muß. Wenn er mehr wissen will, so kann er den Fahrdienstleiter fragen.
Die Sache war die, ich hatte auf der Lok dieses Lg 10921 nach Würzburg zu fahren. Der Gleisbelegungsplan verriet, daß Lg 10921 auf Gleis 12 ankommen wird. Also auf zum Gleis 12
Neben Gleis 12 steht eine kleine Bretterhütte mit einer riesigen Telefonklingel daran, einem Fernsprechapparat und einem Rangiermeister drinnen und einer kleinen einladenden Bank davor. Ich hatte auf meinen Lg, die Buchstaben bedeuten Leergüterzug, noch 15 Minuten zu warten. So nahm ich eben Platz und schaute dem Rangierbetrieb zu. Abstell-, Abstoß- und Ablaufbetrieb waren voll im Gange. Außerdem wurde „geschnurrt".
Beim Ablaufbetrieb rollen die Wagen von einem Ablaufberg ab. Das geht rasch und ist gefährlich. Die einzelnen ablaufenden Wagen folgen einander ziemlich schnell, und die Weichensteller müssen aufpassen, die Wagen durch richtige Weichenstellung auch in das richtige Gleis rollen zu lassen. Da überschreite einer einmal die Gleise! Man muß hinten und vorne Augen und Ohren haben und unter Umständen so munter springen können wie ein Hirsch. Oft nützen alle dreie, Augen, Ohren und Füße nichts, dann, mein Lieber …
Und nun kommt das „Schnurren". Das sieht sich nur lustig an. In Wirklichkeit ist es für Mensch und Maschine Akrobatik. Also, das Schnurren – es heißt in der Eisenbahnersprache wirklich so – eine Rangierlok zieht da mit wütendem Geschnaube urplötzlich mit einem angehängten Wagen los, als ob Mörder hinter ihr her wären. Auf dem Tritt der Lok steht ein Rangierer mit einem Prügel. Mitten im schönsten Tempo löst er mit dem Prügel den Kupplungsbügel vom Haken des Wagens, worauf die Lok vollends aus dem Häuschen gerät und genauso tut, als liefe sie dem eben noch friedlich gezogenen Wagen davon. Das aber ist nur der erste Teil des Kunststückes. Urplötzlich rennt die Lok in ein rasch eingestelltes Nebengleis und rollt friedlich aus, während der Weichensteller die Weiche rasch wieder zurückstellt und den Wagen wie einen betrogenen Verfolger geradeaus weiterrollen läßt, bis er gebremst wird oder auf einen Hemmschuh läuft. Das nennt man Schnurren. Es sieht sich besonders von einem Stellwerk aus lustig an.
Ja, und dann wird beim Rangieren viel gepfiffen und mit den Armen werden Zeichen gegeben. Es gibt sechs Rangiersignale. Ein langer Pfiff bedeutet „wegfahren". Dazu gehört eine von oben nach unten geführte Armbewegung. Nachts natürlich eine Laterne. Zwei lange Pfiffe bedeuten „kommen" und dazu waagerechte Armbewegungen, so als ob sich einer im Gedränge Platz schaffen wolle. Wichtig ist das Aufdrücken, das sind zwei kurze Pfiffe und Armbewegungen, als wolle man ein langes Schifferklavier langsam zusammenquetschen.

44ern ins Gesicht geschaut, in Ost und West: Sangerhausen war eine jener „Jumbo"-Hochburgen. Am 21. November 1981 hat die 44 0389 auf der Scheibe Platz genommen

Jetzt kommt das Abstoßen, das sind zwei lange und ein kurzer Pfiff und dazu zwei Armbewegungen nach außen und eine Bewegung von oben nach unten. Da liegt fast schon Musik drin. „Halt" wird durch drei kurze Pfiffe gegeben und einen deutlichen Kreis mit einem Arm. Nun bleibt nur noch das Signal für „langsam", das ist wieder ein langer Pfiff und eine Armbewegung von unten nach oben. Einfach, nicht wahr? Aber es muß nicht nur gekonnt sein, beim Rangierbetrieb kommt es auf deutliche Signale und gute Zusammenarbeit der Lokführer, Weichenwärter und Rangierer an, und das bringt nur die Übung. Als zwei Wagen etwas heftiger aufeinanderprallten, kam der Rangiermeister aus dem Häuschen geschnellt. Er sagte nicht viel, aber seine Blicke verrieten, daß die am Rangiergeschäft Beteiligten später etwas aufs Brot geschmiert bekommen würden. Dann kamen wir ins Gespräch.
Es begann mit dem Wetter und endete bei der Heldentat des Lokführers Vochtel, von dem einmal viel in den Zeitungen die Rede gewesen war. Vochtel hatte unter Einsatz des eigenen Lebens 700 Menschen gerettet. Haben wir nun Eisenbahner oder nicht? Man nehme an, es wären Eltern oder Geschwister mit jenem D 21 gereist, auf dem Vochtel Lokführer gewesen war! Die Ankunft meines Lg 10921 riß mich aus meinen Gedanken. Unauffällig gleitet der über einen halben Kilometer lange Zug in den Rangierbahnhof München-Laim. Von der Lok, der 44 1634, weht über dem Kessel ein kleines weißes Dampffederchen. Eine unauffällige Ankunft, es ist die bescheidenste Ankunft, die sich denken läßt, auf dicht nebeneinander liegenden und mit Zügen belegten Gleisen kommt auf dem einen wohlbedacht freien Gleis der Zug nach mäßig langem Bremsweg, begleitet vom Zischen der Bremsluft, zum Stillstand. Sogleich legt die Luftpumpe mit ihrem nervösen pampah, pam-pah los, erst rasch und gleichmäßig, dann langsamer, vielleicht plötzlich mit einigen

Im Bahnbetriebswerk Hanau hat der Scheibenwärter das „Karussell" für die 44 1571 passend gedreht. Im Hintergrund wartet eine Lok der Baureihe 55.25 auf weitere Arbeit beim Rangieren

eiligen Takten aufholend, bis sie nur noch dann und wann einen Hub hören läßt – pam – – – pah. Es ist ein Geräusch, das unmittelbar aus dem Körper und der Seele der Maschine zu kommen scheint. Es ist das Schnaufen eines Tieres, eines Hundes, der nach eiligem Lauf wieder Kraft sammelt zum Weiterziehen.

Der Bremszettel, den der Zugführer errechnete, verzeichnet 118 Achsen und ein Wagenzuggewicht von 548 t. Das sind 59 Wagen. Dem Zuge angemessen ist die Lok, ein hochschultriges langes Maschinenwesen, unbestritten in ihrer Art eine Schönheit, wie man das auf den Bildern erkennen mag.

Lokführer und Heizer, weder Riesen noch Schwächlinge, nicht sehr jung und nicht etwa angegraut, zwei Männer mit klugen Augen und Neigung zur Heiterkeit klettern mit Putzwolle und Ölkannen von der Maschine. Gut, sie sehen schwarz aus, nicht gerade so schwarz wie Schornsteinfeger, aber dunkel. Und ölig. Der Lokführer blickt bedächtig auf das Triebwerk und befühlt mit dem Rücken einer Hand die Achsen und Kurbelzapfen. Um das Kurbelwerk des Mittelzylinders zu befühlen, tritt er auf eine Kuppelstange und schlüpft beinahe in den Rahmen. Das gibt einige Ölflecke mehr und eine Zunahme an Schwärze. Die Mütze hat lederartiges Aussehen angenommen, sie wird immer mehr zu Leder werden. Aber wahrscheinlich liebt er sie. Der Rundgang dauert seine Zeit. Aber auch der Heizer fühlt herum. Er sieht die Stangenlagerschmiergefäße nach und läßt aus seiner Ölkanne grünlichen Segen fließen. Gesprochen wird eigentlich so gut wie nichts. Erst als der Zugführer vorne erscheint, der hier seinen Heimatbahnhof erreicht hat und den ihn ablösenden Kameraden erwartet, um diesem Wagenzettel und sonstiges Papier zu übergeben, entwickelt sich ein leichtes Gespräch. Man werde wahrscheinlich Verspätung bekommen, der eingeteilte Zugführer sei erkrankt, und der

Stellvertreter lasse auf sich warten. Beide ziehen gleichzeitig die Uhren, vergleichen die Zeit und blicken auf die große Rangierbahnhofsuhr. Und am Abend werde es wohl kühl werden, meint der Zugführer, und lobt den Tag, der so gewesen sei, wie es sich Anfang April gehöre. Aber die Nächte ... er habe jedenfalls „ein paar Kohlen" in den Packwagen geschafft.

Der Packwagen läuft unmittelbar hinter der Lok. Ein ganz anständiger und nicht zu alter Packwagen, klein, wie eben Güterzugpackwagen sind, innen grau gestrichen, spartanisch gepolstert, kleine Fenster, unter der Kuppel eine Art Schreibpult, an der Wand ein Regal mit vielen Fächern und ein Kleiderspind. Prunkstück des Ganzen ein zum Essenwärmen eingerichtetes Öfchen, dessen Blechrohr kerzengerade durch das gewölbte Dach geführt ist. An technischen Einrichtungen ist nicht viel vorhanden: die Kurbel einer Handbremse, ein rot gestrichener Lufthahn als Notbremse und ein Bremsluftdruckmanometer. Elektrische Beleuchtung von der Lok her über ein Verbindungskabel. Auch für ein gewisses Örtchen ist diskret gesorgt. In einer Ecke liegen einige Reserveluftschläuche. Es muß auf langen Fahrten, ohne daß man Ansprache hat und wenn es keine Schreibarbeit und keine Frachtbriefpacken zum Sortieren und Anmerken gibt, sterbenslangweilig sein.

Endlich erscheint der Zugführer. Er macht den Eindruck, als sei er unserem Zuge von Freilassing her zu Fuß gefolgt. So eilig hat man ihn geholt. Trotzdem, wir werden mit zehn Minuten Verspätung abfahren. Wir haben unsere Maschine durchgesehen, wir haben sie befühlt, geschmiert, mißtrauisch gemustert, da und dort unsere Blicke haften lassen, wo sich etwa ein Strählchen Dampf die Freiheit nähme, haben vom Bremser erfahren, daß alle 118 Achsen in Ordnung seien, und wünschen nun, daß sich ja keine dieser 118 erlaube heißzulaufen.

Gäste, einen dritten Mann auf der Lok, etwa einen feinen Herrn, der unsagbar ahnungslose Fragen stellt, im Wege umgeht und um die Sauberkeit seines Anzuges besorgt ist, dem man aber auch noch höflich antworten soll, obwohl er kipplig dasteht wie eine Marmorfigur und sich nicht etwa an die Tenderwand anzulehnen wagt und vor dem Kessel Angst hat, das haben die Lokleute gerne! Schon die Art, wie einer auf eine Lok steigt, sagt alles. Wer Eisenbahner ist oder den Betrieb kennt, trägt seine Tasche oder Mappe an einem Riemen um die Schulter gehängt, die beiden Hände braucht man beim Aufsteigen. Darum haben Eisenbahner ihre schweren Ledertaschen an der Schulter hängen. Und wenn einer im Straßenanzug kommt und mit Glacéhandschuhen und so mit Fachausdrücken um sich schmeißt und glaubt, den Führer oder Heizer in Fachgespräche ziehen zu können, der merkt bald, daß er unwillkommen ist und daß er hier nicht zählt. Wenn aber einer schon von vornherein im „Blauen Wilhelm" kommt, keine Dienstmütze trägt, seine Mappe mit den Broten und der Kaffeekanne richtig umgehängt hat, genau weiß, in welchem Tenderkasten er sie abstellen kann und, während Führer und Heizer unten mit Klopfen, Abfühlen, Schmieren und Schauen beschäftigt sind, den Besen nimmt und das Führerhaus ausfegt, etwa mit sauberer Putzwolle, die er schon selbst mitgebracht hat, auch noch die Fenster nachpoliert, die Kohlen näßt und ungefragt seine Erlaubniskarte zur Lokfahrt vorzeigt, zu dem kann man unbedenklich „Du" sagen. Das ist kein Zeitungsschreiber und kein Vorgesetzter, der hat eben irgendwie mit der Eisenbahn zu tun. Vielleicht will er Streckenkenntnis erlangen, einen Geschmack vom Betrieb bekommen, etwas wird schon los sein mit ihm, sonst hätte er keinen Berechtigungsschein erhalten. Solche Gäste sind auf der Lok selten, sie stören nicht.

Wir warten auf das Ausfahrtsignal. Das Kesselmanometer zeigt 16 atü. Obwohl wir eine Stunde standen, ist das Sicherheitsventil still geblieben. Wäre der Heizer nicht gut, hätte er seine Schaufeln nicht richtig bemessen, hätte er den Bläser nicht richtig behandelt, nun gut, dann hätte das Sicherheitsventil abgeblasen und durch sein durchdringendes Toben dem ganzen weiten Rangierbahnhof angezeigt, daß da der Heizer des Lg 10921 nicht aufgepaßt hat. Man weiß ganz genau, wann es unmöglich ist, das

Abblasen des Ventils zu verhindern. Wir werden das schon kennenlernen.
Das Ausfahrtsignal klappert. „Ausfahrt frei!" Es ist 15.51 Uhr. Bremsen los. Steuerung auf Vorwärts und weit vor. Ein Pfiff Zwei rasche Blicke auf Kesseldruck- und Bremsluftmanometer. Ein Blick zum Fenster hinaus nach vorne und dann nach rückwärts. Blick wieder nach vorne. Regler auf! Aber mit Gefühl, mit Gefühl anziehen lassen, so ein langer Zug benimmt sich wie ein Gummistrang, mit zu viel Wucht kann man ihn trennen. Dann heißt es, da ist so einer, der nicht fahren kann.
44 1634 hustet einen gewaltigen und harten Puff Dampf in die Welt, und noch einen, und – schon kürzer – noch einen, dann wird die Steuerung nach und nach genau der Zunahme der Geschwindigkeit entsprechend zurückgenommen. Kesseldruck 16 atü. Schieberkastendruck 13 atü. Das ist der Druck, den man auf die Kolben wirken läßt. Es ist schon ein gewichtiges Anfahren, es hört und sieht sich massiv und kraftvoll an, alle Eindrücke wirken zusammen, das Bild der langgestreckten Lokomotive, der kraftvolle Körper des hohen Kessels, der nur noch einen Stummel von Schornstein erlaubt, der niedrige Dampfdom und Sandkasten, die geringe Stufe zwischen Kessel und Dach des Führerhauses, die durch das Laufblech gebildete, Kessel und Triebwerk gleichsam trennende horizontale Linie, das sichtbare kraftvolle Drängen nach vorwärts, die gute Umrißlinie des Tenders und seines Aufbaues – ah und das Spiel, die mathematisch-mechanisch präzise Bewegung des schweren Triebwerkgestänges, das spielende Drehen der Treibräder mit ihren Gegengewichten – und nun: Zylinderschlammhähne auf! Weiße Dampfströme zischen auf den Schotter und umhüllen wie wallende Schleier das „Fußwerk" unserer Lok. Ist sie etwa nicht schön, unsere 44er? Gleicht sie jetzt nicht einer königlichen, aber höchst zornigen schweren Dame, die mit raschen Schritten den Saum ihrer Röcke kickt? Zylinderhähne zu! Wir rollen.
Buchfahrplan und Bremszettel stecken in ihrem Halter vor der Kesselwand. Wir haben die Augen vorne, wir haben sie rückwärts. Es sind da Dinge, die dem Lokführer in Fleisch und Blut eingehen. Das Streckenzeitgefühl! Das unbedingte Wissen, wann und wo ein Signal kommen wird, das gewohnheitsmäßige Zurückschauen und Beobachten des Zuges, in den Rechtsbiegungen späht der Führer zurück und in den Linksbögen der Heizer – der Zug folgt.
Nach Vorschrift müssen die Signale laut gemeldet werden. Wer zuerst sieht, meldet. „Einfahrt frei!" – „Ausfahrt frei!" Die Meldung wird vom andern, nachdem er sich von der Richtigkeit der Ansage überzeugt hat, laut wiederholt.
Die Lok macht Krach. Wenn ein Neuling, auf einer fahrenden Lok stehend, die Augen schlösse, so würde er die Geräuschkulisse eines Weltunterganges mitsamt vorankündigendem Erdbeben erleben. Gleich wird von jenseits der Wolken eine Stimme zum Jüngsten Gericht rufen. Es klankt, hämmert, stößt, klopft, zischt, stöhnt, scharrt und pustet; es weht Hitze, Kühle, es rumpelt, grollt und donnert. Keiner hört den andern, es sei denn, daß er brülle. Aber es wird nicht gebrüllt. Links späht der Heizer nach vorne, rechts der Führer, über die rund zwei Meter Trennung genügt ein Blick, eine Handbewegung: „Einfahrt frei!" – „Ausfahrt frei!" ein bestätigendes Nicken, das ist alles.
Der Lg 10921 ist ein Güterwagen-Leerzug. Daher „L", und weil er ein Güterzug ist, das „g". Ein Lg ist immer auch ein Durchgangsgüterzug, somit also auch ein Dg. Er verkehrt täglich. Täglich rollen mit dem Lg 10921, ab 10.15 Uhr von Freilassing nach Mainz-Bischofsheim an 5.57 Uhr, rund sechzig leere Wagen, die einmal beladen nach Süden rollten, nach dem betriebsamen Mainz und von dort weiter ins Rheinland. Er ist längst nicht der einzige Lg, der täglich nach Norden oder Nordwesten rollt. Da laufen noch Lg 10605 und der Lg 10539, die über Göttingen und Hannover in diese Richtung streben, Wagen und Wagen, die rollen müssen, unaufhörlich rollen, die erwartet werden, die neue Ladung wieder nach Süden bringen werden.
Lokomotiven warten auf diese Züge, die in 24 Stunden von einem Ende der Bundesrepublik ans andere gebracht werden müssen, es darf keinen Stillstand geben. Ob Lg oder Dg, der Dienst

44er auf der Strecke, in West und Ost: Die 44 344 vom Bw Ehrang legt sich am 29. Juni 1968 mit ihrem Ganzzug in einen der vielen Bögen am Ufer der Mosel

auf der Lok bleibt der gleiche. Unbestritten aber sind die rund 277 km, die unsere 44er von München-Laim bis Würzburg zieht, für Personal und Maschine anstrengende Kilometer, ja für die Maschine eine Höchstleistung, es bleibt ihr nichts erspart.

Das Ausfahrtsignal in München-Allach steht auf „halt"! Da stehen wir nun und warten. Wir haben einen Schnellzug durchzulassen. Da kommt er, da kommt er aus dem nachmittäglichen Aprildunst, rücksichtslos und die auf dem Bahnsteig den Vorortzug erwartenden gaffenden Menschen mißachtend, dumpf pustend und gewaltig, allemal ein sekundenlanges Schauspiel der Kraft und Geschwindigkeit. Staub schlägt aus dem Bahnschotter – vorbei.

Unser Ausfahrtsignal ruckt auf „frei". Wir ziehen wieder an. Wenn man sich aus dem Führerstand hinausbeugt, kann man das Triebwerk beobachten. Da ist das schwingende und kreisende Spiel; der Kopf der schweren Treibstange, ist das nicht eine stählerne Gewaltfaust an der Hauptkurbel der Treibachse? Der Kreuzkopf, sein merkwürdiges gewichtiges Gleiten, das von einer gewissen Geschwindigkeit an dank der Umkehr am Ende jedes Hubes etwas geschmeidig Tänzerisches bekommt, die waagerecht gleichlaufende und doch drehende Bewegung der Kuppelstangen, das Geschwinge und Genicke der Steuerungsorgane, das am Ende, wo sich der Zweck der Bewegung erfüllt, zum kurzhübigen Rucken wird – und alles bewegt vom unerschöpflichen hochgespannten heißen Atem dieses gestreßten Kessels!

Eine Dampflokomotive ist, physikalisch genommen, eine Maschine, die Wärmeenergie in Bewegungsenergie verwandelt. Dampf hat die Eigenschaft, etwa 1725 mal mehr Raum einzunehmen als das Wasser, das man zu seiner Erzeugung erwärmte. Diese eintausendsiebenhundertfünfundzwanzigfache Ausdehnung hat das industrielle Zeitalter angeschoben, sie hat

Auf der Saalebahn hat die 44 0280 zum Ende der siebziger Jahre gerade die Autobahn 4 bei Göschwitz unterquert und rumort nun weiter das Tal hinauf gen Rudolstadt und Saalfeld

der Eisenbahn den ersten Atem verliehen, den sie bis heute noch keinen Tag verloren hat. Wie einfach im Vergleich zur Veranstaltung der konstruktiven Technik in einer Lok!
Jetzt kommen wir auf die eigentliche Strecke. Im Stellwerk Karlsfeld reißt bei unserer Annäherung der Beamte ein Fenster auf und hält uns eine weiße, rotgeränderte dreieckige Tafel mit einem „K" entgegen. Wir haben verstanden. Der Zug soll bis zur nächsten Zugfolgestelle die kürzeste Fahrzeit anstreben. Die 44 1634 frißt Kohlen, gute fette glänzende Kohlen. Feuertüre auf – blendende heiße Helle erfüllt den Stand. Die Kohlenschaufel schwingt zwischen Tender und Kessel. Eine Lok zu heizen, heißt nicht einfach einkacheln oder aufwerfen oder schmeißen. In den Dienstvorschriften für Lokomotivheizer steht: „Der Lokomotivheizer hat den Lokomotivkessel zu bedienen und das Feuer sachgemäß zu behandeln." Sachgemäß! Es steht nichts in den Vorschriften von dem wohlberechneten Schwung der schmalen und kurzstieligen Schippe, durch den die Kohle in der Hölle der Feuerbüchse genau an die vom Feuer entblößte Stelle befördert wird. Es wird die Kohle nicht in die schräge, nach vorne geneigte Tiefe des Feuerbettes geworfen, sondern sie wird kurz „gelegt" – nach vorne wandert sie von selbst, bis sie, an tiefster Stelle unter der Feuerbrücke angelangt, alle teuren Gase und festen Stoffe, gefördert durch natürlichen Zug und den Zug des Bläsers, in Form heißester Feuer- und Heizgasströme durch Heiz- und Rauchrohre jagend abgegeben hat und als Asche in den Aschkasten fällt. Ein absurder Gedanke: Was ist, wenn dem Heizer die Schaufel aus den Händen wischt und ins Feuer saust, was ist, wenn ihm die Schaufel bricht? Oh ihr Götter aller Dampfkessel, oh Merkur, vielbeschwingter Götterbote mit dem Merkurstab, müssen dann eintausend Tonnen Güterzug auf der Strecke liegen bleiben, muß dann eine ganze Verkehrsader verstopft bleiben

und auf gleicher Strecke eilende Expreß-, Personen- und Güterzüge warten, warten bis die Lok des Lg 10921 wieder eine Schaufel hat? Müssen Heizer und Führer die Kohlen dann mit den Händen vom Tender krallen und der Gefräßigkeit ihrer Lok die Haut ihrer Hände opfern? Alles konzentriert sich auf das einfachste aller Geräte, einfacher noch als ein Hammer: die Schaufel! Merkur, Götterbote, wirf deinen lächerlichen geflügelten Stab ins Meer, wo es am tiefsten ist – bring eine Schaufel! Die Schaufel regiert die Wirtschaft, und Soll und Haben sind ihrem Regiment untertan, man erhebe die stählerne Kohlenschippe zum regierenden Sinnbild der Bahn und lasse sie strahlend über dem Flügelrade schweben.

Unser Heizer aber wird ganz einfach die fürsorglich im Gerätekasten des Tenders untergebrachte nagelneue Reserveschaufel holen, in die Hände spucken, den weißen, eschenhölzernen Stiel packen und weiterschaufeln. Der Alpdruck des unausdenkbaren Anblicks auf freier Strecke vor Haltsignalen wartender Züge mit zischenden Sicherheitsventilen, murrenden Reisenden, empört telefonierender Zugführer, mitleidiger Lokführer und Heizer, verärgerter Fahrdienstleiter, händeringender Oberzugleitungen und eines krachgeladenen Vorstandes eines Maschinenamtes zerfließt genau wie die zwischen Busch, Wald und Telegraphenleitungen ziehenden Dampfwolken – in Nichts.

Der Heizer näßt nach jeder Fütterung die anstehende Kohle auf dem Tender. Es liegt verbissene Gewalt in der Fahrt einer ziehenden Lok. Der Heizer wirft einen Blick nach vorne, einen Blick zurück auf den Zug, einen Blick auf den Wasserstandsanzeiger, regelt die Speisepumpe um eine Winzigkeit nach, äugt auf den Zeiger des Manometers, der ihm das sichere Arbeiten der Kesselspeisepumpen anzeigt, beobachtet zwei Atemzüge lang die wippende Ratsche des Boschölers, blickt wieder nach vorne – „Einfahrt frei!" – nur eine besondere Art bejahenden Kopfnickens. Klicketi-klicketi-klicketi, macht der Bosch-Öler. Feuertüre auf, ein Blick über die wabernde Hölle, aha! Jetzt ist nicht die Schaufel dran, sondern eine Schürstange mit einer Klaue. Sie fährt in die Hölle dorthin, wo sie wagt, dunkler zu sein, das Feuerbett wird gelockert, damit Luft durchziehen kann, Sauerstoff, es muß schnell gehen, Kessel lieben keinen kalten Zug, lauschen – just einen Augenblick verkniffenen Lauschens – zischt da nicht ein Überhitzerrohr? Nein – die Hölle wird beackert, und nun fliegen wieder Kohlen, Kohlen und Kohlen – „der Heizer ist mitverantwortlich, daß alle Betriebsstoffe sparsam verwendet werden" – so steht es in den Vorschriften, oder die Kohlenprämie geht zum Teufel!

Wir nähern uns Ingolstadt. Heizer und Führer räumen auf, um eine saubere Lok zu übergeben. Regler zu. Sofort riecht es nach Kohlengasen. Die 44er qualmt schwarz. Der Zug rollt aus. Die Bremsen ziehen an, Luft zischt, genau, haargenau neben einem Wasserkran kommen wir zum Stillstand. Millimeterarbeit. Pam-pah, pam-pah, pam-pah ...

Lokführer Brumet und Heizer Günther übernehmen. Brumet ist ein Mann wie ein Geldschrank, genauso schwer und so breit. Er trägt einen kurzen zweireihigen Dienstmantel, angesichts seiner Größe mehr ein Mäntelchen, mit Goldknöpfen. Die sonstige Beschreibung: englischer Regimentsschnurrbart, rasiert, ernste, kluge, aber unendlich Humor verratende Augen, gemessene Bewegungen, selbstbewußtes Auftreten, wenig Worte, zurückgenommen wird nichts, aber schon gar nichts.

Ehe er aufsteigt, Tasche am Schulterriemen, hat er die Lok von vorne bis hinten mit den Blicken abgestreift. Und wie! Das präzise Halten genau am Wasserkran macht keinen Eindruck auf ihn. Das muß einer können, und wenn der Zug noch so lang ist. Im Führerstand sieht er sich um, sein Blick ist nur ein einziger sehr langsamer Rundblick. Es ist, als lese er jetzt alles, was während der rund 82 Kilometer seit München auf der Lok geschehen ist, ab. Dabei kennt er doch gerade diese 44 1634.

Mit einem Ruck reißt er die Feuertüre auf. Bei Stillstand ist das Feuer ebenfalls still. Rundblick durch die Feuerbüchse. Feuertüre klappt zu. Manometer werden abgelesen. Kesseldruck ein atü unter der roten Marke. Pyrometer – außer

Betrieb. Bremsluftmanometer – in Ordnung. Luftpumpe zieht. Die Hähne der Wasserstandsgläser werden kurz bewegt. Es zischt. Das Wasser pendelt im Glas einige Male auf und nieder. Gut. Der Blick sucht die Schürstangen. Vollzählig. Schaufel – gut. Besen? Da ist er. Tender? Hmm – die hätten da etwas mehr Kohle nach vorne schaffen dürfen. Die Strecke nach Treuchtlingen geht aufwärts. Brumet panthert über den ganzen Führerstand, dann aber fühlt und sieht er das Triebwerk durch. Mit dem Hammerstiel prüft er das Seitenspiel der Kuppelstangenlager. Da und dort öffnet er einen Öler – Günther hat sie eben gefüllt. Auch Brumet schlüpft fast in den Rahmen, um die Lager und den Kreuzkopf des Innentriebwerkes zu prüfen. Das linke Lager der Treibachse erscheint ein wenig warm. Nicht viel und nicht bedenklich, aber gerade so viel, um immer daran denken zu müssen.

Es ist jetzt 18.12 Uhr. „Ausfahrt frei!" Ein Pfiff! Wir ziehen an – es gibt kein schöneres Spiel einer Lok als dieses volle, starke und doch zarte Inbewegungkommen, da man förmlich in den eigenen Knochen den Griff der Treib- und Kuppelstangen, den Schub der Kolbenstange und das Gleiten des Kreuzkopfes fühlt und sich beim Gedanken an das Anziehen der Kupplungen zwischen den Wagen des Zuges unwillkürlich die Fäuste schließen, als zögen sie mit. Es folgt das frische Zischen der Zylinderhähne, und die 44 1634, die unendlich Gutmütige, die Lange, die Schwere, wird schneller und schiebt ihre hohe Brust in den verdämmernden Abend. Geräusch der polternden Kohlenschaufel, klanken, werkeln, stoßendes Atmen der Maschine – man liegt dem Dampf an der Brust! Ach, und nebenher in den Strängen der von Mast zu Mast auf- und niederschwingenden Drähte, deren Summen im Winde wir nicht hören, pulst die andere Energie, pulsen die Ströme der Telegraphen, Telefone und Blocksignale und künden unser Kommen allen vor uns liegenden unserer Durchfahrt gewärtigen Bahnhöfen an, und überall wird der Rotbemützte vor seinem Bahnhofe oder Bahnhöfchen stehen, einen Gruß entbieten und kritisch den Zug mustern, ob ja kein Wagen einen „Brandenburger", einen Heißläufer entwickle und die Zugschlußsignale ordnungsgemäß am Schlußwagen angebracht sind.

Der Schornstein des Packwagens raucht. Der Zugführer hat eingeheizt. Das sieht gemütlich aus, und man erwartet Kaffeeduft.

Überall stehen die Signale auf „Fahrt frei", überall sind die Schranken geschlossen, da und dort warten Gespanne vor den Schranken, ihnen ist die Pause recht, den Ochsen und Kühen gelten wir nichts, und nur die Pferde heben den Kopf und schwenken die Ohren. Die wartenden und ewig eilenden Autos gelten uns aber nichts, gar nichts, denn von ihren Lenkern kommt kein Gruß. Aber die Bauern, die Mädel und die Kinder, die winken, und wir winken ihren Gruß zurück. Im Lichte des späten Nachmittags erscheint jetzt die Landschaft schön wie im Bilderbuch und voller feierabendlicher Weihe.

Wir haben am hellen Nachmittag das Dachauer Moos gequert, sind über die Amperbrücke gedonnert, warfen Blicke auf das bierwichtige Gebiet der Holledau mit ihren Hopfengärten – auch Hopfen und Bier zählt zuweilen zu unserer Fracht – überfuhren die Glonn, sahen den noch oberbayrisch blauen Himmel sich in Gewässern und Pfützen, zum Teil auch in Pickern spiegeln, es begleitete uns von Reichertshausen an die Ilm, sie spielte mit uns, floß weg und kam wieder, wir sahen Gänseweiden und behäbige Marktflecken mit Kirchtürmen und den luftigen Hauben der Mälzereien kräftig brauender Landbrauereien. Dann aber, nach Ingolstadt Hbf schwangen sich die Bogen der Donaubrücke an uns vorbei, und nun geht es aufwärts. Fragt eine Lok, was Fränkischer Jura ist!

Es geht aufwärts, aufwärts. Die Steuerung wird etwas weiter ausgelegt, der Schieberkastendruck steigt, der Atem unserer 44er wird hart, ohne an Eile nachzulassen, es geht munter in kraftverzehrende Bögen.

Der hohe Kessel und die Windleitbleche verwehren den unmittelbaren Blick auf die Strecke. Bei Linkskehren sieht der Führer die Strecke nicht. Plötzlich aber geht es nach rechts, und da scheint sich die Strecke unter die Maschine zu werfen, um alsbald wieder wegzugleiten. Der

Heizer schuftet. Ein Glück, daß alle Signale auf „Frei" stehen. Anfahren in den Steigungen liebt Brumet nicht, das kostet Kohlen!
Es sinkt die Dämmerung. Die Zugschlußsignale, der „Tagschluß", machten zwei rotleuchtenden Laternen Platz. Wir ziehen, ziehen unentwegt, unaufhaltsam. Es kommt ein Tunnel. Wir geben vor der Einfahrt in das finstere Maul Achtungssignal – juuuüüüüoooh, juhüüüüoooh! Im Altmühltal hallt das Echo wieder – üüüüooooh. Lg 10921 kommt! Es geht durch tiefe Einschnitte, und plötzlich, im letzten Tageslicht, zieht unser Zugwurm durch das Altmühltal – noch ein Tunnel – juhüüüüooooh – Lg 10921 ist da! Ein schriller, eiskalter monotoner Pfiff würde der 44er so wenig anstehen wie einem Kirchturm eine Pfeife.
Günther hat die Lichtmaschine angelassen, eine kleine Dampfturbine, gleichsam ein Gegengewicht zur Pfeife. Es gleißen die Schienen, und die Fäuste der Pleuel drehen und drehen und drehen Kilometer nach Kilometer unter die Räder.
Die Signale sind jetzt nur noch farbige Lichter. Sie tauchen auf, steigen höher und scheinen über uns hinwegzuziehen. Grün, wir haben überall grün. Eichstätt hatte grüne Einfahrt und grüne Ausfahrt. Es werden Dollnstein, Solnhofen und Pappenheim durchfahren, es empfangen uns die Lichter von Treuchtlingen. Wir halten und nehmen Wasser.
Wir fahren weiter ins nächtliche Frankenland. Bis Würzburg haben wir noch 140 km vor uns. In der Nacht wandelt sich das Fahrgefühl. Man wird es inne, daß das Fahren eines schweren Zuges Gefühlssache ist. Man fühlt bei Nacht jede Tonne Stahl der Maschine und des Zuges, man fühlt, daß man rund zwei Meter über dem unten wegrauschenden Schwellen- und Schotterstrom steht. Man sieht es jetzt nicht mehr, aber man fühlt es deutlich, wenn sich in Biegungen die Strecke von links oder rechts unter die Räder schwingt und wieder weggleitet. Man fühlt das unentwegte Arbeiten des Triebwerkes jetzt auch im Rückgrat und an den schnatternden Zähnen. Eine Lok hat keine Schlafwagenfederung. Man wird sich der Geschwindigkeit bewußter als bei Tag, und immer wieder erscheint es als ein Wunder, daß die nächtens dahinstürmende tobende Tonnenlast sich durch einen gefühligen, die Luftdruckbremse in Wirkung setzenden Griff bändigen läßt.
Wir sind fahrplanmäßig. Wir haben Zeit eingeholt. Wir haben die 44 1634 um nichts hetzen müssen, oh, sie hätte noch ganz andere Reserven! Aber vor Würzburg, vor Würzburg stand am 5. April um 0.30 Uhr das Hauptsignal auf rot, auf ROT! Da stehen wir, und die ganze schöne gutgemachte Zeit verrinnt. Auf den Gleisen links und rechts rollen, gleiten und wiegen Züge vorbei, aber unser Signal steht auf „halt!" Und der Zeiger des Kesselmanometers geht auf den roten Strich bei 16, und Günther läßt die Speisewasserpumpe an, um den Druck herunterzubekommen und das Loslegen, das stein- und beinerschreckende Loszischen des Sicherheitsventils zu vermeiden. Die Speisewasserpumpe drückt kaltes Wasser in den Kessel, das verzögert das Zunehmen des Kesseldruckes für einige Minuten. Man gewahrt in der Nähe des Bahndammes Häuser. Dort schlafen Menschen, es ist ja Mitternacht vorbei. Und wenn jetzt das Ventil losgeht, so werden sie dort aus den Betten fallen, vielleicht aber sind sie auch an den Lg 10921 so gewöhnt, daß ihnen ein bißchen Druckablassen den Schlaf nicht stört. Vielleicht sind sie Eisenbahner, denn nur Eisenbahner wohnen so dicht an den Geleisen, daß sie die Züge rollen fühlen und trotzdem weiterschlafen und vielleicht im Halbtraum die Zugnummer murmeln. Nur das Kindchen in der Wiege, es wird aufwachen und schreien, daher muß Günther immer wieder „speisen", aber der Trick wirkt nur kurze Zeit, und endlich ist die Sekunde da, wo man dem gutmütigen Kessel nicht noch mehr Füllung zumuten darf und – jach – jäh beginnend mit einem dröhnenden „Pumm", jubelt der Kessel die Kraft seiner Dampfseele, seinen ganzen heißen, weißen Steam in die Nacht!
Aber das rote Licht steht. Unten auf dem Bahnschotter geht etwas – der Zugführer! Ach, es gibt ihn noch! Er hat telefoniert, gleich neben dem Signal ist eine Telefonbude mit einem Strecken-

fernsprecher. Er weiß nichts Tröstliches zu melden, man müsse warten …
Fast eine Stunde warten wir. Endlich leuchtet uns das grüne Licht. Wir ziehen an und kommen in Würzburg Hbf zum Stehen. Drüben von den erhellten Bahnsteigen hallt eine etwas hohe Frauenstimme aus dem Lautsprecher: „Würzburg, Hauptbahnhof! – Würzburg, Hauptbahnhof!" Es gilt nicht uns. Wir wissen auch so, daß das Würzburg Hbf ist, es gilt für einen Schnellzug, der eben eingefahren ist.
Wenige Minuten, und wir fahren wieder an. Auf dem Würzburger Rangierbahnhof wartet bereits eine andere 44er auf unseren Zug. Gut, sie soll ihn haben. Gute Fahrt, lauter grüne Lichter, allen Segen bis Mainz!
Wir werden abgekuppelt und rollen ins Rundhaus. Die Maschine hat seit München 277 km hinter sich. In wenigen Stunden Ruhe muß sie wieder zurück. Wir suchen die Frachtunterkunft des Lokpersonals auf. Wir waschen uns. Die Brühe! Wir sinken in unsere blaukarierten Betten und schlafen ein, während es außerhalb der Mauer ununterbrochen rollt, pfeift, knirscht, ruft, trillerpfeift, lautsprechert, die Puffer der abgestoßenen Wagen zusammenprallen und die Rangierloks Krach machen. Ein letzter Eindruck des Tages: Es regnet, und die Welt ist schwarz.
Der Morgen geht grau auf mit Nieselregen. Der Rangierbahnhof ist auch bei Tag schwarz, und die Züge sind schwarz, und vielleicht auch die Pfiffe. Unsere 44er ruhte mit gedecktem Feuer, ihr Kessel hat etwas über 8 atü, sie erscheint schlafwarm und nicht gut aufgelegt. Bei dem geringen Druck spricht die Bremsluftpumpe nur widerwillig an, mit einer Lautmischung von Schluchzen und Gähnen. Der Kantinenmorgenkaffee, es ist nicht viel los mit ihm, hat unsere Geister etwas geweckt, aber wir reden nicht viel. Es beginnt der Vorbereitungsdienst.
Die Lokleitung, die den Dienstantritt des Lokpersonals amtlich macht, ist düster, und das Lokrundhaus ist wieder schwarz, wie es immer ist, und sei es strahlender Augusthochsommermittag. Günther schmiert ab. Wir müssen den Dg 7414 nach München bringen. Wir steigen auf. Günther stochert das Feuer auf.
Brumet stellt die Steuerung auf vorwärts, löst die Handbremse und läßt die Maschine gerade um ihre eigene Länge aus dem Rundhaus. Sie haucht zwei, drei Takte und steht 2 m vor dem Drehscheibenrund. Ihre Zylinder werden langsam warm. Die Drehscheibe kommt, die Verriegelung schnappt ein. Wir rollen auf die Scheibe. Jede Achse verursacht beim Übergang auf die Drehbrücke einen dumpfen Schlag. Man brauchte gar nicht hinzusehen und könnte genau sagen, was da für eine Maschine gedreht werden will: Die Laufachse macht kurz wumm, die Treibachsen tamm – tamm – tamm – tamm – tamm und dann der Tender, zweimal wamm-wamm. Wir werden gedreht.
Wir fahren zum schwärzesten Geschäft des Tages, zum Bekohlen. Die Rundhaus- oder Schuppenfeuerleute haben mit der 44 1634 gute Toilette gemacht, jetzt bei Tage sieht sie schon sauberer aus als vorhin im „Haus". Das Feuer ist gut, der Rost entschlackt, die Rauchkammer von Ruß und Flugasche befreit, die Rauch- und Heizrohre durchgeblasen, und nun scheint unser Maschinchen unter hellerem Feuer wach zu werden. Brumet hat wieder den Hammer in der Faust und fährt mit dem Stiel im Gestänge herum. Er ist jetzt wieder ganz der Mann, der eine Lok frühstückt. Die Luftleitung wird durchgeblasen: Schnellbremsung – Pause – Lauschen. In Ordnung, Bremse in Füllstellung, schon wird die Luftpumpe munter. Günther öffnet vorne und dann hinten kurz den Lufthahn und läßt es zischen. Pamm-pah, pamm-pah …
Wir stellen uns „auf den Zug". Wir haben 80 Achsen. Der Zugführer schreibt den Bremszettel, netzt, es geht nichts über deutliche Schrift, den Bleistift zwischen den Lippen. Es beginnt die Zeremonie der Bremsprobe. Führerbremsventil abwechselnd auf Füll- und Fahrtstellung. Endlich hat der Zug Luft, und der Leitungsdruckmesser steht auf 5 atü. Jetzt erst beginnt die eigentliche Probe. Wir können den Zugschluß nicht sehen, aber der im Nebengeleise stehende Zugführer schlägt die Hände über dem Kopf zusammen. Würde er die Bewegung um eine Idee rascher ausführen, so hätte man das Bild eines in Verzweiflung den Segen des Himmels

herabflehenden Bundesbahnbeamten. Wahrscheinlich schlägt der Mond gleich auf unseren Globus.

Luft zischt. Die Bremsen legen an. Dann wedelt der Zugführer winkend mit einer Hand – alles ist gut, der Mond kommt nicht, und die Bremsen können gelöst werden. Wieder zischt Luft, es ist wie tiefes Ausatmen, und der Zugführer erteilt durch die hochgehobene Hand den letzten Segen. Unsere 44 1634 hat 16 atü – wir können fahren.

Es ist 9.21 Uhr – es geht los. Es regnet sanften Aprilregen. Die Strecke, die wir gestern bei Dunkelheit durchfuhren, wird sich jetzt bei Tage zeigen. Die Schienen sind glatt. Beim Anfahren rutschen die Treibräder. Wutausbruch unserer geduldigen 44er? Regler auf – Regler zu – Sandstreuer auf – Regler ganz sanft auf – Zylinderhähne auf – immer wieder etwas Sand – daß du mir nicht rutschest – noch einen kleinen Ruck am Regler – Zylinderhähne zu – ein Spritzerchen Sand – noch etwas weiter auf mit dem Regler – ha, sie kommt, sie kommt – die gute 44er kommt und pufft gewaltig in den regenkühlen Morgen. Steigung bei Marktbreit! Ich kenne dich, 44 1634 – deinen schönen Gang – wuff-wuffwuff-wuff – es hilft nichts: Schlösse man den Regler, fiele die Geschwindigkeit – wir müssen Schwung behalten, also Sand – wieder Sand – und nochmals Sand – und Sand. Wir packen die Steigung – wir packen die Steigung – wenn wir stecken blieben, dann ernteten wir den Spott ganzer Eisenbahnergenerationen – wir haben 16 atü, und in den Zylindern arbeiten 14 atü – und vom frühlingsmorgendlichen Main haben wir fast nichts gesehen, und nichts von den Rebenhängen, wir sahen nur nasse, schmierige Geleise, nassen, schwarzen Schotter und gespannt erwartete Vor- und Hauptsignale – falls uns einer mit einem Halt gewissermaßen am Berg, in der rutschigen Steigung die Türe nicht öffnete oder – auch das ist schon dagewesen – vor der Nase zuwürfe!

Endlich! Es ist alles geschafft.

Von jetzt ab herrscht Stallwitterung. Der Geschwindigkeitsmesser zeigt 65 km/h, der Zeiger steht still auf 65 und rührt sich nicht, wir brauchen ganz wenig Dampf, wir fahren sparsam, wir preisen die Bahnmeisterei, die diese Strecke unterhält, wir scheinen zu gleiten, und die Fahrt über die krümmungsreiche Strecke wird zum Hochgenuß. Die Geleise werfen sich von rechts und links unter die Maschine – immer mit 65 km/h – und immer „freie Fahrt" – juhüüüoooh-juhüüüoooh – hinein in den Tunnel, hinaus ins Licht – ein Blick auf die Kurbel und das Triebwerk – unbändig, unaufhaltsam, gleichmäßig wie eine Uhr – es sieht bei längerer Beobachtung nicht mehr aus, als ginge die Hauptkurbel im Kreise, es sieht aus, als schlüge sie in einer Art bornierten Zornes und warte nur darauf, lose zu werden, um alles zu Pulver zu machen – weiter, weiter, weiter …

Es wischt das Gleis-Schotter-Schwellenband in zornig scheinendem Strome unter uns hinweg, und der Zug, der lange, lange Zug folgt, und jeder Wagen wird über den Schienenstößen eine andere Sprache reden als sein Vor- und Nachläufer, dumpfe gleichmäßige Takte, dort wird einer etwas klirren, der läuft heller, der da ganz dumpf, der da scheppert; da hinkt einer mit einem Plattfuß und scheint es eiliger dabei zu haben als alle anderen Wagen, da donnert einer hohl vorbei, und der nächste trommelt und grommelt, als ob ihm diese Leerfahrt nicht passe – es rollen ihrer 80 Achsen …

Wir haben Treuchtlingen hinter uns. Es ist jetzt 14.30 Uhr, und die Sonne bricht ins Altmühltal. Ach, wie alt ist diese schöne Strecke! Sie ist uralt. Sie hat schon die ersten königlich bayerischen Lokomotiven gesehen: Die Stützmauern zu beiden Seiten bestehen aus lauter gleichen würfelförmigen roten Sandsteinen, die alle quer von Ecke zu Ecke breite Vertiefungen zeigen und beiderseits davon ein Loch. Es sind Steinwürfelunterlagen, die Vorläufer der Schwellen der allerersten Eisenbahnen, es sind gewissermaßen pensionierte Schwellen und doch immer noch im Dienste der Bahn!

Wir schlängeln durch's Altmühltal. Es kommt die Sonne heraus. Weiß, blendend weiß weht es den Dampf ins sanfte Tälchen. Ach, dieser Dampf! Hört ihr's verklingen in der Ferne? Klicketiklicketi-klicketi-klick – ganz fein, ganz ferne, schon weit, ganz weit – juhüüüoooh …

Winterkampf

In Neustadt an der Orla grummelt am 26. Februar 1981 die 120 099 durch den grauen Wintertag

Früher gab es auch strenge Winter. Die setzten der Deutschen Reichsbahn immer besonders zu. Und nicht nur die – nicht umsonst ging der Witz von den vier Feinden der Reichsbahn um – Frühling, Sommer, Herbst und Winter.

Aber im Winter war es eben besonders hart, da mußten mit riesigem Personalaufwand Weichenheizloks mit zweifelhaftem energetischen Wert besetzt werden, Dieselloks wurden mit Dampf warmgehalten und Tag für Tag „hangelte" man sich von einem Winterproblem zum anderen. Irgendwie ging es aber immer wieder weiter, nicht zuletzt, weil die DR-Eisenbahner auch improvisieren konnten und nicht nur stur ihren Vorschriften verhaftet waren.

Ein Winter, der es in sich hatte, war der von 1986/87. Im Februar 1987 lag das Altenburger Land unter einer dichten Schneedecke und nachts fielen die Temperaturen nicht selten unter –25°C. Das Bw war natürlich durchgehend mit Leitungskräften besetzt, wenngleich die auch nur mit zufaßten, wo Not am Mann war, beim Auswechseln der Weichenheizlok oder deren Tender, beim Warmhalten der 120er und beim Auftauen eingefrorener Leitungen. Ansonsten lief alles wie ein Uhrwerk, wenn man in dieser Situation überhaupt von „laufen" reden konnte, so daß „Leitung" im eigentlichen Sinne gar nicht notwendig war, jeder wußte, was zu machen war. Aber die Besetzung der Dienststelle war von oben angeordnet, und ab und zu kam auch mal nachts ein Anruf aus der Reichsbahndirektion, wohl um zu sehen, ob der Leitungsdienst auch da war.

Was für ein Mistwetter am 19. März 1976! Die 03 2153 hat bei der Abfahrt in Leipzig Hbf noch reichlich 180 Kilometer vor sich mit ihrem D-Zug Aue – Berlin, der aus zwei Doppelstock-Gliederzügen besteht

In solchen Zeiten passieren dann meist auch noch Dinge, die die ohnehin angespannte Situation noch verschärfen. So ergab sich an einem dieser Tage zum Dienstbeginn folgende Lage:
Im Gefälle-Rangierbahnhof Altenburg war eine Rangiergruppe „abgegangen", das passierte hin und wieder, weil die Rangierer offenbar ihre Bremsen nicht richtig prüften. Diesmal war sogar die Lok (eine V 60) mit an der Rangierabteilung und nicht in der Lage, diese abzubremsen. Das hatte zur Folge, daß die Gruppe über den Prellbock am Gleisende ging und ein Wagen gar auf der dahinterliegenden Straße stand, gegenüber vom „roten Konsum" (der wegen seiner Fassadenfarbe so hieß). Natürlich mußte der Hilfszug ausrücken, damit waren erst mal einige Leute, wenngleich meist aus der Werkstatt, „gebunden".
Dann stand im Bahnhof Altenburg eine kaputte 250er aus Leipzig-Wahren (richtig, auch dort gab es mal ein Bw mit solch großen Lokomotiven). Unser Instrukteur für Triebfahrzeuge, kurz der IfT, nahm sich auf Geheiß allerhöchster Stellen (nämlich des Leiters der Verwaltung Maschinenwirtschaft der Rbd Halle) dieser Lok an. Und weil bloß irgend eine Sicherung kaputt war, konnte die Lok auch bald wieder betriebsfähig gemeldet werden, natürlich an den Auftraggeber, unseren Verwaltungsleiter, der dann auch gleich anordnete, daß das Bw Altenburg – sozusagen als „sozialistische Hilfe" – die Lok nach Leipzig-Wahren bringt.
Nun war erst mal für mich als „Gruppenleiter Triebfahrzeugbetrieb" guter Rat teuer. Der IfT konnte das nicht machen, der war noch aus der Nachtschicht da und hatte nun Feierabend. In der Lokleitung saß auch niemand in Bereitschaft. Aber jedes Bw hatte damals seine Reserven, die galt es nun zu mobilisieren. Da die Rbd dahinter stand, mußte zwangsläufig auch der Vorsteher

zustimmen, denn der wollte gefragt werden, wenn jemand aus der Verwaltung während der normalen Arbeitszeit Fahrdienst leistete. Beim genannten Hilfszugeinsatz war nämlich der Sicherheitsinspektor (das war der Mann, der für die Arbeitssicherheit zuständig war – die für die staatliche Sicherheit Zuständigen saßen woanders ...) als Einsatzleiter tätig, und der war – noch dazu auf einer 250 – immer für solche Unternehmen zu gewinnen. Das wußte auch der Verwaltungsleiter und forderte den Mann gleich an. Nur mußte dazu ein anderer Hilfszugeinsatzleiter „an die Front", aber der war auch schnell gefunden, es gab auch Gruppenleiter in der Verwaltung, die keinen Fahrdienst leisteten, aber als Hilfszugleiter tätig waren. Nun war zufällig an diesem Tage auch eine 120er nach Leipzig-Wahren zu überführen, die dort zu Instandhaltung mußte. Dazu kam die Fahrt eigentlich gerade recht, aber da mußte noch jemand als Begleiter mitfahren. Auch da fand sich ein im Büro eingesetzter Lokführer, so daß die Fahrt am Vormittag losgehen konnte.

Aber wir hatten ja noch ein Problem: Es war nämlich wieder kein Diesel da. Zwar waren noch ein paar Liter in der Tankstelle, für die Triebwagen reichte es allemal, aber wenn nicht bald ein Kesselwagen kam, brach am nächsten Morgen wahrscheinlich alles zusammen. Da hätte man auch wieder improvisieren müssen, so gab es notfalls „an der Quelle", nämlich im Hydrierwerk Tröglitz, etwas Kraftstoff, aber das war wieder Aufwand und hätte alle Lokumläufe durcheinander gebracht.

Zur morgendlichen Lagebesprechung gab es jedenfalls von der Materialwirtschaft keine Hoffnung, es sei kein Kesselwagen abgegangen und überhaupt verbrauchten wir zuviel in Altenburg – so wurde von der Direktionsbeschaffungsstelle (kurz: DBS) in Halle argumentiert. Bekannt-

Winter im Altenburger Land: Bei Großstöbnitz gab es 1977 noch diese alte sächsische Schranke

Der Winter 1986/87 war besonders hart. In Stiege im Harz hat alles einen Rauhreifpanzer

Wetter kennt keine Grenzen: Liberec (Reichenberg) in Nordböhmen im April 1977

lich war ja der Kraftstoff damals teures Gut, und so gab es ein tägliches Verbrauchssoll. Im Winter wurde das natürlich immer überzogen, weil die Loks bei den tiefen Temperaturen nur noch durch Dieselmotorleerlauf einigermaßen warmzuhalten waren. Beim Warmhalten mit Dampf konnten ansonsten schon mal „abgelegene" Leitungen einfrieren, weil dann nur die Umwälzpumpe arbeitete, die aber nicht den Druck aufbaute, wie die normale Kühlwasserpumpe. Doch davon wird noch zu berichten sein. Ein Anruf bei der Bearbeiterin in der DBS, die den Kraftstoff auf die Bw'en verteilte, ergab, daß angeblich die anderen Bw'en noch schlechter dran seien und wir sollten doch unser Verbrauchssoll einhalten. Im übrigen könne man auch nicht mit nur 50 Pfennig in der Tasche eine Schrankwand kaufen wollen ...

Der nächste Anruf ging an unsere Verwaltung Maschinenwirtschaft. Da war man kooperativer, konnte aber auch nicht gleich helfen. Schließlich rief am Mittag besagte Dame aus der DBS wieder an – nunmehr kurz angebunden – daß in Großkorbetha ein Wagen aus dem Leuna-Werk mit Diesel stehe. Eine Nachfrage im Bw Halle G ergab schließlich, daß der Wagen für die Einsatzstelle Merseburg bestimmt war und dort aber

die Tankstelle voll sei. Wie war das doch – die anderen haben noch weniger …?
Nun gab es das nächste Problem: Wie kommt der Wagen nach Altenburg? Mit einem Planzug dauerte das zu lange, noch dazu unter diesen winterlichen Bedingungen. Also mußte eine Sonderleistung starten. Streckenkenntnis nach Großkorbetha hatten nicht allzuviele. Ich selbst hatte zwar welche, konnte aber auch nicht einfach von der Arbeit weg. Mein Chef erlaubte es mir schließlich nach 14.00 Uhr, und so nahm ich mir die 120 175, die am Warmhaltestand mit Dampf warmgehalten wurde und machte mich über Zeitz in Richtung Großkorbetha auf den Weg. Der Leser ahnt vielleicht was jetzt kommt. Zunächst kam ich gar nicht aus dem Bw heraus, im Verschiebebahnhof waren wichtige Weichen verweht und mußten erst freigekehrt werden. Hier gab es keine Weichenheizung.
Die 120 war ein „Kaltstarter", mit 8°C Wasser- und 15°C Öltemperatur durfte der Motor gestartet werden. Viel mehr waren es auch nicht. Daß da kurz nach dem Start noch kein „laues Lüftchen" aus dem Heizgebläse kam, war klar. Der erste Halt war in Rositz – eine Kreuzung. Nun waren es knapp 50°C Wassertemperatur, das Heizgebläse blieb trotzdem kalt. Ein nochmaliger Blick an die Anstellventile – doch die waren offen. Nur gleich dahinter war die Leitung kalt, und das nach beiden Führerständen hin. Mittlerweile war es 16.00 Uhr geworden, jetzt wieder umkehren und eine Ersatzlok nehmen – wenn denn überhaupt eine verfügbar war – das brachte nichts bei dieser Lage. Da gab es nur eines – durchhalten. Nur gut, daß ich die Filzstiefel und die Wattejacke dabei hatte. Erinnerungen an Maedels Erzählung „Wölfe vor Block Schwarzheide" wurden wach. Die hatte ich kurz vorher mal gelesen. Zwar hatte ich ein geschlossenes Führerhaus, aber die Männer auf dem „Spinnrad", die bei Eiseskälte von Schneidemühl nach Dirschau fuhren, hatten ein Feuer. Meine nächste Wärmequelle war der Motor, der hinter zwei Türen bescheidene Wärme ausstrahlte.
In Meuselwitz wieder Halt, der Bahnhof Rehmsdorf war zugeweht, die Weichen nicht mehr zu bedienen. Also konnte dort auch nicht mehr gekreuzt werden, und in Richtung Zeitz gab es nun keine Fahrstraße mehr, so daß das Gleis der Gegenrichtung genutzt werden mußte, was wiederum nur mit schriftlichem Befehl ging. Dann ging aber alles relativ flott, so daß ich gegen 18.30 Uhr in Großkorbetha war. Zum Glück war auf dem Bahnhof gerade Pause, auch ich konnte erst einmal in die Kantine verschwinden, um mich innerlich und äußerlich aufzuwärmen.
Der Kesselwagen stand zwar in der hinterletzten Ecke, aber das Rangiergeschäft ging relativ schnell vonstatten, zumal der Rangierer auch sehr kooperativ war. Bald stand ich also wieder an der Ausfahrt Richtung Zeitz und meinte, daß es ja nun doch noch nicht losgehen würde, weil erst ein Personenzug aus der Gegenrichtung kam. Aber das Ausfahrsignal ging in Fahrtstellung. Nun, da hat wohl der Personenzug Verspätung. Er hatte – fast eine Stunde! Ich kam bis Webau, aber hier war Schluß. Der Personenzug und ein Kohlependel mußten erst durch, zumal der Bahnhof Hohenmölsen ab 20.00 Uhr planmäßig ausgeschaltet war. Auf der Höhe zwischen Pörsten und Webau spielte ich Schneepflug, es ist schon ein eigenartiges Gefühl, bei Dunkelheit in so einer Schneewüste zu fahren, wenn man kein Gleis mehr sieht!
Nun konnte ich mich erst einmal wieder beim Fahrdienstleiter in Webau aufwärmen. Er hatte alle verfügbaren Wärmequellen an, elektrische Heizsonnen und -öfen, ein Wunder, daß da keine Steckdose verschmorte. An der Wand hing ein Foto, eine T 3 mit dem Eröffnungszug 1897 in Hohenmölsen, ein schlechtes Repro – aber immerhin. Ab und zu quäkte die Dispatcher-Wechselsprechanlage. Unter anderem wollte man wissen, wie es um Schneeverwehungen steht, ob der Schneepflug fahren muß – nun das hatte ich ja mit erledigt, die 120 war bei geringen Schneehöhen durch die Frontschürzen gut für so etwas geeignet.
Nach den beiden Zügen ging es weiter, nun wieder relativ zügig bis Zeitz, dort Umsetzen im Personenbahnhof und nach einigem Warten weiter bis Meuselwitz. Auch mußte man oft warten, denn die Strecke nach Altenburg war damals

dicht belegt. Mittlerweile war es weit nach Mitternacht. Weiter ging es bis Rositz. Dort hielt mich der Fahrdienstleiter an seinem Stellwerk an und offerierte mir, daß ich in Altenburg nicht über den Güterbahnhof direkt ins Bw fahren könne, sondern über den Personenbahnhof müßte. Er versprach mir aber auf meine Bitte hin, den Lokleiter anzurufen, daß er mir eine Ablösung nach Altenburg-Rasephas schickt.
Am dortigen Bahnsteig stand dann auch jemand. Es war eben jener Kollege, der am Vormittag als Begleiter mit nach Leipzig-Wahren gefahren war. Und auch unser Sicherheitsinspektor war noch im Bw. Beide waren von Leipzig-Wahren aus zum Leipziger Hauptbahnhof gefahren, um als Fahrgast wieder nach Altenburg zu kommen. Genau zu dieser Zeit hatte das Kraftwerk „Georgi Dimitroff" am Hauptbahnhof den Dampf für die Weichenheizung abgestellt, weil nur so die Heizdampfversorgung für Leipzig aufrecht zu erhalten war. Damit war nun der Leipziger Hauptbahnhof quasi tot, es ging nichts mehr. Die ersten Züge nach Altenburg fuhren dann abends wieder, so daß der Sicherheitsinspektor gerade recht kam für die von ihm zu leistende Dienststellenbesetzung ab 22.00 Uhr. Und sein Mitstreiter blieb auch noch da – es gab genug zu tun im Bw. Beide konnten wenigstens am Morgen nach Hause gehen, ich dagegen mußte um 6.00 Uhr wieder antreten, so verlangte es mein Chef – und da war er eisern, wenn man mal als Gruppenleiter eine Schicht im Fahrdienst leistete. Dabei war es, als ich die Lokleitung verließ, schon 2.30 Uhr …
Als ich meinen Ablöser dann am Morgen wiedertraf, fragte er mich, wie ich das zwölf Stunden auf dieser Lok ausgehalten habe, er sei schon nach zwei Stunden fast erfroren.
Gedankt hat uns das keiner, aber irgendwie hatte man wieder ein Erfolgserlebnis, zwei Loks waren dort, wo sie hinsollten, und es gab wieder für zwei Tage Diesel an der Tankstelle. Der „Haufen" am „roten Konsum" vom Unfall im Verschiebebahnhof, der lag noch ein paar Tage da, bis auch der letzte Wagen mühselig von der Straße auf ein Gleis bugsiert worden war – mit Hilfe einer Planierraupe einer LPG, die dafür vielleicht mal wieder eine Ladung Altschotter zur Wegebefestigung bekam. So einfach war das damals – und es ist gerade mal 12 Jahre her …

Bummelzug mit 01.5

Im Zeitalter des Taktverkehrs bis hinein in den letzten Zipfel des Landes ist es kaum noch vorstellbar, was es früher für eigenwillige Züge gab. Kurze Frage am Anfang: Vor welchen Zug würden Sie eine 01.5, die rekonstruierte 01, spannen? Natürlich, vor einen schönen Schnellzug. Das machte man auch im Bw Saalfeld. Doch nicht nur das. Man ließ die Maschinen auch einmal rückwärts mit einer Übergabe nach Rudolstadt zuckeln oder bespannte mit ihnen Eil- und Personenzüge auf der Saalebahn oder über Gera nach Leipzig. Oder man hängte ihnen zweieinhalb Doppelstockeinheiten an und schickte sie auf die Rampe im Mühltal hinter Jena West. Das zumindest ist nun eine Aufgabe, für die diese Maschinen beim besten Willen nicht konstruiert waren. Aber was machte das – sie meisterten auch diese Herausforderung mit Bravour.

Der Buchfahrplan der Rbd Erfurt vom Winter 1980/81 zeigt uns schwarz auf weiß diese beeindruckende Fuhre. P 6014 heißt der ellenlange Zug, 450 Tonnen Höchstlast darf er haben. Wie gesagt, zwei vierteilige Doppelstock-Einheiten und eine zweiteilige, manchmal aber auch drei oder vier Bghw-Wagen, je nach dem, was da ist. Mit was für einem Publikumsandrang man damals rechnete! So ein Zug war rund 180 Meter lang (ohne Lok!) und bot allein 1000 Sitzplätze. Und wenn im Zeiß-Werk in Jena Schichtwechsel war – und dafür fuhr der Zug – drängte oft die doppelte Anzahl Menschen in die zwei Etagen.

Der P 6014 fuhr also von Saalfeld kommend und vorerst auch nur mäßig besetzt am frühen Nachmittag das Mühltal hinauf. Die Steigung aus dem Saaletal heraus beträgt 20 Promille! Die 41er, die zuerst vor dem Zug eingesetzt waren, hatten da schon mächtig zu „beißen", und auch ihnen half schon eine 110er am Zugschluß.

Betrachtet man sich die Fahrzeit von 18 Minuten für die 8,3 Kilometer von Jena West bis Großschwabhausen, kommt man auf eine Geschwindigkeit von nicht einmal 30 km/h. Da kann man zwischen den Auspuffschlägen einer

38 P 6002 (30,1) Gera Hbf—Weimar
P 6014 Mo-Fr (30,1) Göschwitz (Saale)—Weimar
(Nicht 24. und 31. XII.)

Hg max 90 km/h
Tfz 132
6014 = 01 + SL 110 Jena West—Großschwabhsn

Höchstlast 450 t
6002 W 300 t, S 200 t

					noch 6002		noch 6014	
1	2	3	4	5	4	5	4	5
27,5	80	Göschwitz (Saale) ..			627	634	–	1359
22,6	85a	Jena West			39	59	1405	1413
		22,5						
	40	22,3						
	85a	21,6						
	50	20,7						
18,2	85a	Bk Schlettwein			–	–	–	–
14,3		Großschwabhausen .			711	712	31	33
	80	13,8						
	60	13,6						
	80	9,0 VE ▽						
7,6		Mellingen (Thür) ...			18	19	39	40
	85	5,7						
	70	5,3						
4,0	85	Oberweimar			23	23	45	46
	80	1,4						
1,0	60	Weimar Ws Sign 645			–	–	–	–
		0,5						
0,0 / 87,1	40	Weimar			729	–	1452	–

Die Seite 39 im Buchfahrplan der Rbd Erfurt vom Winter 1980/81 mit dem P 6014

01.5 genüßlich die Vögel zwitschern hören! Sicher ist der eine oder andere Meister seines Faches auch einmal schneller das Mühltal hinaufgedonnert, aber Fahrplan ist eben Fahrplan. Und wie der Buchfahrplan unbestechlich zeigt, gab es auch zwei La-Stellen, wo eh nicht mehr als 40 oder 50 km/h zugelassen waren.

Um 14.51 Uhr war man jedenfalls in Weimar. Die 01.5 fuhr zum Wenden ins Bw. Das ist in Weimar nicht gerade nah und brauchte seine Zeit. Genau eine Stunde später stand die Rückleistung an, der P 5033 nach Saalfeld. Der fuhr nun wirklich in den Feierabend der Zeiß-Werker in Jena hinein. Bis dorthin allerdings ging es recht geruhsam zu.

Abfahrt 15.51 in Weimar Hbf. Der Meister öffnet sacht den Regler. Die Ölbrenner wummern, man versteht sein eigenes Wort kaum. Vorsichtig tastet sich die 01 0509 aus dem Bahnhof, mit dieser ellenlangen Fuhre am Haken – Sanden ist

Am 11. August 1980 wuchtet die 01 0505 den P 6014 über die 20-Promille-Steigung nach Großschwabhausen. Hinter drei Bghw's folgen noch zwei vierteilige Doppelstockeinheiten und die 110er-Schiebelok

nicht möglich im Weichenvorfeld – eine Sache, die Fingerspitzengefühl erfordert. In einem großen Rechtsbogen stampfen wir auf den Ilm-Viadukt zu, maximal 60 km/h sind hier erlaubt, wenn nicht gerade wieder Bauarbeiten an der Brückenkrone Schrittempo erfordern. In fünf Minuten müssen wir in Oberweimar sein, vier Kilometer entfernt – das ist angesichts der recht gemütlichen Fahrzeiten sonst fast „Raserei".

Hinter der Brücke legt die 01 0509 richtig los, es wummert im Takt der Auspuffschläge aus der Feuerbüchse, dazu das Röhren der Brenner. Es geht bergan, die „Doppelstöcker" hängen wie Blei am Zughaken, aber wenn sie einmal laufen, dann laufen sie. Schon quietschen in Oberweimar die Bremsen. Rechts bietet sich ein wunderbarer Ausblick auf das Ilmtal und die dahinter aufragenden Wälder. Goethes Wanderparadies, wenn er einmal eine Auszeit von seinen Minister- und sonstigen Verpflichtungen nahm …

01 0509 macht sich wieder an die Arbeit. Hinter der letzten Weiche wieder die 1:100-Steigung. Hier schiebt niemand nach, aber das ist auch nicht nötig, die 01.5 ist schon ein Kraftpaket und die Fahrzeit nicht dazu angetan, die Maschine zu überfordern. Das Problem ist eher das Anfahren nach jeweils immer vier, fünf, sechs Kilometern mit den 330, vielleicht 350 Tonnen am Haken. Dafür ist sie nicht gebaut. Der Meister geht die Sache mit der gebührenden Vorsicht an. Es sitzt zwar jetzt kaum jemand im Zug, ab Jena West wird das anstrengender, da ist der Bahnsteig „schwarz vor Leuten", aber da geht es dann im Saaletal ja auch nicht mehr bergan. Am Ende ganz gut ausgedacht, diese Fuhre …

Wir bullern nach Mellingen hinauf. Mit vielleicht 60 km/h poltern wir über die Weichen. Halt. Kaum jemand, der ein- oder aussteigt. Weiter. Ein wenig Schwung holen, dann hat uns wieder die Steigung gefangen. Es hört sich noch langsa-

Der „Meister“ auf der 01 0509 auf dem Weg von Weimar nach Jena, erlebt und aufgenommen am 4. Mai 1977. Dieser Abschnitt des Laufweges des P 5033 war „der gemütliche Teil“, dann mußte im Saaletal straff gefahren werden

mer an, als wir in der Tat sinc, ehe so ein Zwei-Meter-Rad auf Umdrehungen kommt, muß man schon ein wenig schneller fahren. Das geht hier gar nicht. Wieder eine La-Stelle. Bergauf wird nicht gebremst. Das Tempo muß man vorher hinkriegen. Das macht die Erfahrung. In weiten Bögen dampfen wir gemütlich hinauf in Richtung Großschwabhausen. Der Meister hat gut lachen. Dort oben müssen wir sowieso auf den Gegenzug warten, einen Güterzug aus Gera.

Die Rückleistung vom P 6014 war der P 5033. Er fuhr – talwärts! – zwischen Großschwabhausen und Jena West noch langsamer: 30 Minuten für 8,3 Kilometer! Inbegriffen war allerdings eine Güterzug-Kreuzung

62 II-P 5033 Mo-Fr (30,1) Weimar—Saalfeld (Saale) (Nicht 24. und 31. XII.)
P 6011 (30,1) Eisenach—Gera Hbf
P 6015 Mo-Fr (30,1) Weimar—Göschwitz (Saale)
P 6015 Sa S (30,1) Weimar—Gera Hbf (Auch 24. und 31. XII.)

Tfz 132
5033 = 01
6015 + Slzz 55425 Großschwabhsn—Göschwitz

Last 200 t
5033 = 450 t
6015 = 300 t

Mbr 7

			5033		6011		6015	
1	2	3	4	5	4	5	4	5
108,4	90	**Erfurt Hbf**			524	559		
		108,1						
	65							
		107,9						
105,6		Abzw Erfurt Eo			—	601		
103,3		Bk Azmannsdorf			—	—		
100,9		Vieselbach			605	06		
98,2	90	Bk Niederzimmern			—	—		
94,8		Hopfgarten (Kr Wmr)			11	12		
91,8		Bk Ulla			—	—		
88,9		Weimar Ww Sign 700			—	—		
87,1 0,0		**Weimar**	—	1551	19	21	—	1157
1,0	60	Weimar Ws Sign 650	—	—	—	—	—	—
		1,4						
4,0	85	Oberweimar	1556	57	26	26	1201	1202
		5,3						
	70							
		5,7						
7,6	85	Mellingen (Thür)	1602	1603	630	631	1205	Bstg 1206 + 1209

63

			noch 5033		noch 6011		noch 6015	
1	2	3	4	5	4	5	4	5
7,6	85	Mellingen (Thür)	1602	1603	630	631	1205	Bstg 1206 + 09
		13,6						
	60							
		13,8						
	85							
14,3		Großschwabhsn	12	Bstg 12 + 30	38	39	16[a)]	Bstg 13 + 21
	70[b)]							
		20,7						
	50							
		21,6						
	70							
22,6		Jena West	42	47	50	58	32	33
	80							
		24,3						
	75							
		25,0						
	80							
		27,3						
27,5	75	**Göschwitz (Saale)**	1654	1655	703	704	38	42
		27,6						
30,8	85	Neue Schenke			08	08	46	46
37,2		Stadtroda			14	16	52	53
	75							
		37,7						
42,9	80	Abzw Papiermühle (Kr Stadtroda) Hp			22	23	59	59
		45,1						
	85							
		47,5						
	60							
		48,2						
48,4	85	Hermsdorf-Klosterl.			729	730	1306	1307

Die 01 0509 am 4. Mai 1977 auf dem Weg von Mellingen nach Großschwabhausen. In langen 1:100-Steigungsabschnitten überwindet die Linie den Höhenzug zwischen Weimar im Ilm- und Jena im Saaletal

Wenn der pünktlich ist, stehen wir vielleicht zehn Minuten, was sollte jetzt also irgendeine Eile. Und wenn wir hier zehnmal eine Reko-01 unter den Fittichen haben. Die Zeiß-Leute haben sowieso noch nicht Feierabend, und wir noch lange nicht!

Ein Ruck, und wir stehen in Großschwabhausen. Drei Leute steigen aus und trollen sich in Richtung Dorf. Ein schöner Frühlingstag, vielleicht werden sie schon einmal ein wenig den Garten umgraben. Jetzt schweigt auch der Ölbrenner. Vorn sind die Schranken wieder oben, es wird wohl noch ein wenig dauern, ehe der Güterzug kommt. Eine 132 vorn, und wenn nötig eine hinten, das ist hier die Regel. Wenig später klimpert es, die rot-weißen Schrankenbäume senken sich. Blechern klappern sie in die Gabeln. Ein Trabi-Fahrer, der ein wenig zu spät gekommen ist, stellt gleich seinen Motor ab und zündet sich eine Zigarette an, er kennt das Spielchen, das dauert hier jetzt etwas. Andere drehen gleich um und rasen die Ladestraße entlang – hinten in Richtung Weimar gibt es noch einen Überweg, vielleicht ist der noch offen.

Jetzt heult die 132er aus dem Tal herauf, der Zug ist heute nicht so lang, sie muß es alleine packen. Direkt auf unserer Höhe tourt ihr Diesel ab, die Wagenschlange poltert vorüber, wird langsamer und kommt zum Stehen. Sie sind zu spät, um noch bis Mellingen hinuntergelassen zu werden, wo schon der nächste Personenzug uns auf den Fersen ist. Der will nach Gera, auch er wird in Jena West eine Menge Menschen aufnehmen.

Unsere Ausfahrt steht. Der Meister legt eine satte Anfahrt hin. Ein Gruß zum geduldigen Trabifahrer hinunter, dann sind wir im Gefälle. Jetzt kommen wir endlich einmal auf knapp 70 km/h, aber dann heißt es schon wieder bremsen. Für Raser ist diese Tour wirklich nichts! Geduld ist gefragt. Ist ja auch schönes Wetter heute, was solls. Wer sich verrückt macht, ist selber schuld.

Das Mühltal ist wirklich schön, wie alle Seitentäler rechts und links der Saale. Muschelkalkfelsen treten hervor, frisches Grün zeigt sich, in feuchten Ecken blühen Millionen von Himmelsschlüsselchen. Pflücken oder gar Ausgraben für den eigenen Garten verboten, alles Schutzgebiete hier. Dunkelgrün stehen Kiefern am Hang. Ein Einschnitt, dann links mit einem Mal der Blick auf Jena. Malerisch bettet sich die Stadt in die Senke zwischen markanten steilen Bergen. In der Mitte der Universitätsturm, er paßt so recht da nicht hin, aber man gewöhnt sich ja an vieles.

Am 18. August 1981 donnert die 01 0510 zwischen Göschwitz und Maua mit dem P 5033 in Richtung Saalfeld. Im Hintergrund die Autobahnbrücke der A 4

Die Bremsen kreischen. Mit maximal 30 km/h legen wir uns in den Bogen hinein zum Bahnhof Jena West. Was für ein Gewimmel am Bahnsteig und auf der unter uns hindurchführenden Straße! Feierabend, bei Zeiß, im Glaswerk bei Schott und scheinbar überall in Jena. Und scheinbar wollen auch alle in unseren Zug. Jetzt ist endgültig klar, warum der so lang ist.
Ich klettere von der Maschine. Ein kurzes „Schönen Dank und macht's gut!", dann konzentrieren die beiden sich auf ihren Zugführer, der irgendwo da hinten in dem Gewimmel seine Zeichen gibt. Der Abfahrtspfiff vom Aufsichter, irgendwann muß es ja mal losgehen, und wenn da noch Hunderte die Treppe heraufgerannt kommen. Sachte setzt der Meister den Zug in Bewegung, die Augen wie ein Luchs auf die Wagenschlange gerichtet, denn natürlich springen da hinten, 180 Meter weg, immer noch welche auf. Ganz vorsichtig geht es davon. Wie gesagt: Hier geht es nicht um Tempo. Und wenn wir zehnmal eine 01 da vorn dran haben. Erst hinter Göschwitz kann „gebrettert" werden. Irgendwann wollen wir ja mal zu Hause sein ...

Mit Eisenbahnfotografen unterwegs

Die 50 1002 eilt zusammen mit der 35 113 am 25. Februar 1983 vor einem Personenzug von Nossen nach Riesa

Im Bahnbetriebswerk Singen lugt im Oktober 1967 die 44 460 aus dem eng dimensionierten Schuppentor

1970: Auf Dampflokexkursion Ost

Eine 44er poltert mit dem P 495 über die Torgauer Elbbrücke nach Falkenberg (Elster). Im Hintergrund das Schloß Hartenfels und die Brücke, wo sich 1945 Russen und Amerikaner die Hände reichten

Am 6. Mai des Jahres 1970 fahre ich frühmorgens mit dem P 495, einem der letzten Dampfreisezüge, die von Halle ausgehen, nach Torgau. Zuglok ist die 44 0235-0 mit Ölfeuerung. Die Fahrt geht über Delitzsch und Eilenburg. Im Bw Eilenburg sind nur 52 und 52.80 beheimatet. Als Einzelgängerin ist die 23 1009 stationiert, die als einzige 23.10 einen Speisedom besitzt.

In Torgau erwartet mich mein Freund Rolf Greinke auf dem Bahnhof. Dem obligatorischen Gang zur Maschine, von der einige Bilder gemacht werden, schließt sich eine kleine Fachsimpelei mit der Mannschaft an. Deren Resultat ist die Einladung, doch auf dem Führerstand mitzufahren. So geht es dann gleich hinter Torgau über die Elbbrücke und weiter bis nach Rehfeld (12 km), eine Station vor Falkenberg. Das Dreizylindertriebwerk läuft auch bei 80 km/h sehr ruhig. Die 44er ist gerade erst geputzt worden, die Messing- und Stahlteile des Führerstandes blitzen nur so. Der Regler ist sogar verchromt.

Der Gegenzug mit einer 23.10 bringt uns zurück nach Torgau. Dort stelle ich fest, daß die Mattscheibe des Fotoapparates durch irgendwelche Einflüsse zerbrochen ist. Im dortigen Fotoladen kann man mir nicht helfen, so muß ich noch einmal zurück nach Eilenburg in die Fachwerkstatt. Auch diesmal ist eine Falkenberger 23.10 vor dem Zug.

Die Strecke Cottbus – Leipzig wird gerade wieder zweigleisig ausgebaut. Die Lok des Bauzuges ist eine Torgauer 86er. Wieder zurück in Torgau geht es mit dem Bus in das kleine Dorf Neiden an der Nebenbahn Torgau – Pretzsch, wo

In Neiden an der Strecke Torgau – Pretzsch rumpelt an einem Sommerabend die 86 330 mit dem GmP nach Dommitzsch. Der einzelne Wagen, den man für diesen Feierabendzug brauchte, wechselte ständig

mein Freund Rolf wohnt. Am Abend wollen wir „nur einmal nach dem 7-Uhr-Zug sehen". Da es gerade stark zu regnen beginnt, fahren wir auf dem Führerstand der 86 553 noch einmal bis Torgau – und wieder mit dem Bus zurück. Die 86 553 ist gegen die 86 800, die ich schon von Mitfahrten kenne, ein fürchterlicher Schüttelkasten, über 50 km/h völlig ungenießbar, aber Hauptsache, es dampft!

Am nächsten Morgen fahren wir mit einer 23.10 nach Falkenberg, wo unser Anschlußzug nach Hoyerswerda wartet. Zuglok ist die 35 1002-1, die neue Nummer für die 23 1002. Der Zug besteht aus sieben alten zweiachsigen sächsischen Abteilwagen und einem noch älteren Packwagen. In Elsterwerda-Biehla wird er durch einen weiteren gleichartigen Train verstärkt, so daß die 35 dann fünfzehn Abteilwagen und zwei Packwagen zu ziehen hat. Auf dem Abstellgleis sehen wir zwei preußische G 8.1, Baureihe 55.25-56, stehen.

Hinter dem Bahnhof überqueren wir die Strecke Dresden – Berlin. Der Zufall will es, daß gerade ein Schnellzug mit der 01 029 in Ursprungsausführung und vor ihr als Vorspann die 01 511 (Kohle) nach Berlin fahren.

In den Kokereien und Brikettfabriken von Lauchhammer verkehren C- und D-Werkloks (etwa 1920–1940), sowie ältere und moderne B- und C-Feuerlose. Im Raum Ruhland sehen wir auch einige Altbau-50er, z.T. mit Giesl-Ejektor und neuer Nummer, z.B. 50 1030-1. Bei Dampfloks, deren Baureihen- und Ordnungsnummer sich nicht ändert, sah ich auch schon den Bindestrich und die Kontrollziffer mit Farbe neben das Nummernschild geschrieben, z.B. 52 1429-1. Die 50 1030-1 hatte aber komplett neue Nummernschilder.

In Hoyerswerda haben wir eine gute Stunde Aufenthalt, die wir zu einer Bw-Visite nutzen. Kein überwältigendes Ergebnis: 23.10, 52, 52.80 und eine G 8.1, die 55 4410, die allerdings schon z-gestellt ist. Die 52 und 52.80 geben auf den von uns befahrenen Strecken den Ton an. Von den etwa 160 Dampfloks, die wir auf unserer Rundreise zu Gesicht bekamen, waren etwa ein Drittel 52 und 52.80.

Gegen 10 Uhr kommt unser Eilzug aus Dessau mit einer 118 (ex V 180). Nach einer Stunde erreichen wir mit ihm Görlitz. Nachdem wir unsere Sachen zur Jugendherberge gebracht haben und eine Kleinigkeit zu Mittag gegessen

Ursprünglich zusammen mit einer Schwestermaschine für die Trusebahn in Thüringen gebaut, wurde die 99 4532 zur Zittauer Stationslok. Die Klien-Lindner-Hohlachsen hatte man entfernt

haben, zieht es uns zum Neißeviadukt. Drei von etwa zehn Bögen sind noch 1945 gesprengt worden, sie sind 1946 in wenigen Monaten von der PKP originalgetreu wieder aufgemauert worden. Leider ist in dem Moment gerade „Betriebsruhe", doch auf dem polnischen Bahnhof Zgorzelec rangiert die 52 402, die wir mit dem Fernglas erkennen können. Die Nummer ist ziemlich klein mit Farbe auf die Rauchkammertür geschrieben. Als wir sie im nächsten Abend bei einer Übergabefahrt in Görlitz Hbf sehen, hat sie auf der Führerhausseitenwand den polnischen Adler, darunter die Baureihenbezeichnung Ty 2 und darunter noch die Betriebsnummer 1300. Alle Schilder sind aus Messing mit rotem Untergrund. Die Lok ist auch mit den üblichen polnischen Laternen versehen, die einen wesentlich größeren Durchmesser haben und auch heller leuchten als die deutschen. Am Tender sind sie etwas höher (nicht an der Pufferbohle) angebracht.

Nachdem wir feststellen müssen, daß am Neißeviadukt heute erst einmal nichts zu holen ist, gehen wir zum Hbf zurück, um nach Weißenberg (Sa) zu fahren. Auf dieser Strecke verkehren noch bis zum Fahrplanwechsel ELNA-Lokomotiven mit der Achsfolge D. Es sind dies die 92 2901–2903 (ex Görlitzer Kreisbahn) und die 92 6484 und 6494 (ex Niederlausitzer Eisenbahn [DEBG]). Nach dem üblichen Schwätzchen mit dem Meister wird uns ab Ebersbach (km 6,6) die Weiterfahrt auf der 92 6494 gestattet.

Die ELNA's laufen gegen die 86 553 ziemlich ruhig. Als V max werden 45 km/h gefahren. Im gemütlichen Tempo erreichen wir Königshain-Hochstein (km 13,2). Hier setzt die Lok um und fährt bald darauf mit ihren drei dreiachsigen Rekowagen und dem Güterzuggepäckwaren (Baujahr 1957) zurück nach Görlitz.

Bis zum November 1969 waren noch Kriegspersonenwagen im Einsatz. Wir warteten in Königshain-Hochstein auf den Zug von Weißenberg, den die 92 2901 führt. Bald danach naht auch der nächste Zug aus Görlitz, den der Lokführer gemäß dem „Reglement" des vereinfachten Betriebsdienstes auf Nebenbahnen mit der Pfeife hereinruft. Daraufhin ertönt das „Verstanden"-Signal, und die 92 6484 schnaufte mit einem Doppeltrain (5 Rekowagen + Pw) in den Bahnhof. Dieser Zug fährt weiter bis Weißenberg, und wir sind natürlich wieder auf der Lokomotive. Hinter Königshain-Hochstein beginnt die ehe-

Die 92 6484 war einer jener ELNA-D-Kuppler, die von Görlitz aus noch zu Beginn der siebziger Jahre auf der Strecke nach Weißenberg den Gesamtverkehr bewältigten – eine Steilrampe eingeschlossen

malige Zahnradstrecke, die mit Schwung und 20 km/h genommen wird. Für die Gefällestrecken besitzen die Maschinen sogar Riggenbach-Gegendruckbremse, die jedoch die Lokführer nicht benutzen (Nach dem Motto: Was der Bauer nicht kennt, frißt er nicht).

Auf dieser Strecke herrscht noch echte Kleinbahnromantik. Ein Beispiel: Neben der ehemaligen Zahnradstrecke liegt eine Weide, auf die am Vormittag dieses 7. Mai 1970 zum ersten Mal junge Kühe getrieben worden waren. Diese haben natürlich noch eine Heidenangst vor der Lok. Gerade deshalb werden selbstverständlich auf dem Führerstand alle Register gezogen: Regler voll auf, Läutewerk an, Pfeife voll durchgezogen und zur Krönung noch die Zylinderhähne auf! Die Kühe flüchten bis in die äußerste Ecke der Weide und springen zum Teil auch über den Zaun.

Die Mannschaft erzählt uns, daß am Vormittag schon Dresdener und niederländische Eisenbahnfreunde die Bahn gefilmt und fotografiert hätten. Kaum haben wir das erfahren, als wir an einem Bahnübergang auch schon einen VW mit dem „NL“-Zeichen sehen. In Weißenberg angekommen, stehen die Holländer bereits am Bahnhof. Daraufhin findet eine allgemeine Verbrüderung der Anwesenden statt, die wieder einmal beweist, daß Eisenbahnen und ihre Freunde keine Grenzen kennen. Nach dem Wassernehmen, bei dem wieder die Kameras glühen, geht es zurück nach Görlitz.

Am nächsten Tag hatten wir uns das Bahnbetriebswerk Görlitz und das Reichsbahn-Ausbesserungswerk für Schmalspurlokomotiven vorgenommen, das sich im Vorort Schlauroth befindet. Das Bw besitzt einen großen Rechteckschuppen mit einer Schiebebühne in der Mitte. Hier waren früher nur Elloks des schlesischen Netzes stationiert (Breslau – Königszelt – Hirschberg – Görlitz – Schlauroth). Die Drehscheibe befindet sich außerhalb. Im Bw sind 03-Reko, 52, 52.80 und

1971 herrschte im Raw Görlitz noch Hochbetrieb, denn die DR benötigte noch eine Vielzahl von Schmalspurlokomotiven. Die 99 3353 allerdings ging ein Jahr später für Devisen ins Ausland

die ELNA-92er stationiert. Unter den 03ern befinden sich auch die 03 002 und die 157, die früheren Salonzugmaschinen des „Führerzuges“. Die 03 157 besitzt noch verchromte Griffstangen. Auf dem Rand sehen wir auch zwei schrottreife 22er (017, 084).

Das Raw ist ebenfalls in einem großen Rechteckschuppen mit Schiebebühne untergebracht. Von der demontierten Oberleitung stehen nur noch die Masten von der Neißebrücke durch den Personenbahnhof bis nach Schlauroth. Nach einer Verfügung der PKP dürfen sie nicht entfernt werden. Vielleicht will man sie bei einer Neuelektrifizierung wieder benutzen.

Das Raw ist natürlich der größte Leckerbissen und auch der Anlaß zu unserer Fahrt gewesen. Die seltensten Maschinen sind hier auf einem Fleck konzentriert. So z.B. die 99 161, die letzte Fairlie-Lok des Festlandes (!). Das Triebwerk ist Bauart Meyer B'B'n4v. Sie besitzt zwei Kessel und einen Mittelführerstand. Die Lok wurde auf der einzigen dampfbetriebenen 1000 mm-Strecke der Sächsischen Staatsbahn zusammen mit ihren Schwestern 162 und 163 zwischen Reichenbach unt Bf und Oberheinsdorf eingesetzt. Im zweiten Weltkrieg wurde die 163 nach Griechenland gebracht. Die 162 ist vor einiger Zeit verschrottet worden. Die 99 161 soll ins Verkehrsmuseum kommen.

Die 99 222 ist die einzige noch erhaltene Meterspur-1'E1'-Einheitslok. Sie verkehrt auf der Harzquerbahn (Nordhausen – Wernigerode). Ihre Schwestern, die 221 und die 223, sind 1943 in Norwegen verblieben. Von den Neubauloks dieser Bauart ist die 99 231 da. Auch „Molli“ (Bäderbahn Bad-Doberan – Kühlungsborn) ist mit der 99 322 (1'D1', 900 mm) vertreten. Dann kommen die Sachsen mit ihrer IV K (99 592, 600), VI K (99 684) und die 750 mm-Einheits-1'E1'-Maschinen „VII K“ (99 731–762). Auch die Neubauloks 99 773, 778 und 793 sehen wir. Die Mecklenburg-Pommerschen-Schmalspurbahnen

Im Dresdener Hauptbahnhof begegnete dem Fotografen im Sommer 1970 die 86 223

(600 mm) haben als letzten Gruß gleich eine komplette Serie geschickt: 99 3351–3353 (C1'n2 mit Außenrahmen und Schlepptender). Die 99 3462 ist die letzte im Bunde, sie hat die Achsfolge D, ebenfalls mit Außenrahmen und Schlepptender.

Als Werklok Nr. 1 fährt ein Dreikuppler mit Heusinger-Steuerung. Die Henschel-Werknummer lautet 13 025. Außerdem sehen wir noch zwei kalte 80er und eine moderne Cn2, die früher Werkloks im Raw Leipzig-Engelsdorf waren.

Eine große Überraschung sind noch zwei längst totgeglaubte preußische T 12: 74 1164 und 1229, die als Heizlok dienen. Es ist ein Wunder, daß sich noch niemand ihrer Schilder bemächtigt hat.

Abends gehen wir noch einmal zum Bahnhof, um uns die polnischen Schnellzugloks der Baureihe Pt 47 anzusehen. Es sind 1'D1'-Loks der Baujahre 1947–1949. Sie würden bei uns in die Baureihe 19 gehören. Wir sehen die Pt 47-25, 117, 126 und 168. Der Treibraddurchmesser beträgt 1800 mm, die dritte Achse (C) wird angetrieben. Die Windleitbleche ähneln denen der Baureihe 62. Kessel, Führerhaus und Tender (unterer Teil) sind grün, Rauchkammer, Führerhausdach und Tenderoberteil sind schwarz gestrichen. Die Maschinen sind mit Steinkohle- oder Stoker-Tender gekuppelt. Besonders letztere machen einen eleganten Eindruck.

Als ich die Pt 47-25 abzeichne, tritt zu uns ein junger Mann aus Görlitz, der sich ebenfalls als Eisenbahn- und Straßenbahnfan zu erkennen gibt. Er erzählt mit uns bis kurz vor 10 Uhr, daß die Köpfe rauchen. Einige seiner Informationen sind in diesem Bericht verwertet worden. So gibt er uns auch gutes Material über die Görlitzer Straßenbahn mit, nicht ohne sich vorher bei mir über das Befinden unserer Ammendorfer Vierachser erkundigt zu haben. Görlitz besitzt zwei Linien, auf denen Zweiwagen-Zweirichtungszüge verkehren, und zwar alte ET + EB der Bau-

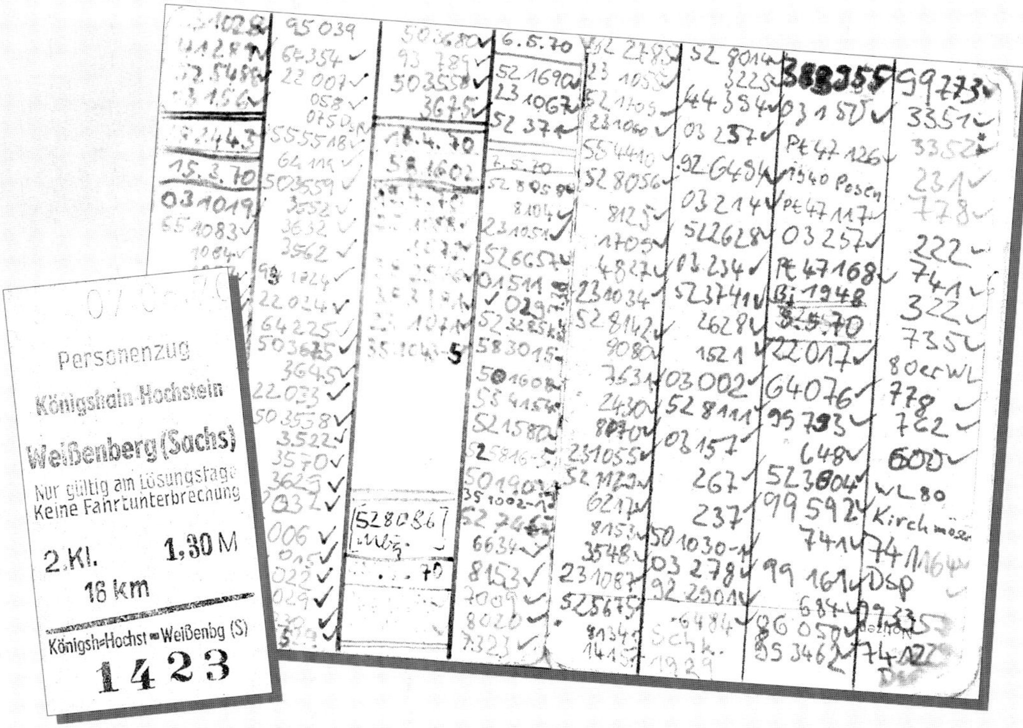

Das Aufzeichnungsbüchlein jener Reise damals und eine Fahrkarte mit „echter ELNA-Schmiere“

jahre 1926–1930, Lowa-ET + EB, Gothaer ET + EB, sowie Gothaer und CKD-Zweiwagen-Einrichtungszüge, die allerdings nur auf der Linie 2 eingesetzt werden können.

Am 9. Mai fahren wir nach Zittau. Der Zug besteht aus schon oben erwähnten „alten Sachsen“ und wird von der 86 223 gezogen. Knapp die Hälfte der 33 km langen Strecke befindet sich auf der polnischen Seite des Neißetales. Der Bahnhof Ostritz liegt auf polnischer Seite und ist durch eine Fußgängerbrücke zu erreichen. Er ist mit polnischen Eisenbahnern besetzt, denn die Strecke wird auch von der PKP benutzt und unterhalten.

In Zittau angekommen, geht es gleich zum Schmalspurbahnhof. Der Zug nach Oybin besteht aus sieben alten sächsischen Personenwagen und einem Einheitspackwagen (alles Vierachser) und wird von der 99 746 gezogen (Schwartzkopff 1929). Der Rahmen ist als Barrenrahmen ausgebildet, dadurch wirkt das Triebwerk sehr grazil. Während der Fahrt kann man gut die Bewegungen der Ausgleichshebel beobachten.

Die Strecke wird nicht im vereinfachten Betriebsdienst befahren; es sind Formsignale mit Kreuztafeln vorhanden. Dadurch entsteht ein etwas zu moderner Eindruck für die Schmalspurbahn. Doch als wir uns auf einem Perron umsehen, werden wir eines Besseren belehrt: Unter dem Dachvorsprung befindet sich ein Schwalbennest!

In Bertsdorf, dem Abzweigpunkt nach Kurort Jonsdorf, gibt es sogar ein mechanisches Befehlsstellwerk. Von Zwickau-Vorstadt bis hierher und weiter nach Oybin ist die Strecke vor dem Krieg wegen des starken Ausflugsverkehrs zweigleisig gewesen. Heute werden nur noch bis Olbersdorf-Niederdorf Werksanschlüsse mit Rollwagen bedient. Der restliche größere Teil der Strecke dient nur noch dem Personenverkehr. In Bertsdorf steht im Schuppen noch der

VT 137 322 (B'2'), dessen Antrieb über Blindwelle mit Kuppelstangen erfolgt. Er war bis vor wenigen Jahren in Betrieb und soll auch wieder eingesetzt werden (Mannschaftswagen). In Oybin angekommen, darf Rolf nach Verhandlungen mit dem Heizer das Firmenschild (Messing) der 99 740 abschrauben. In dessen Mitte, neben der Werksnummer 9535, befindet sich sogar ein Profil-Portrait von Louis Schwartzkopff! Gegen 11 Uhr geht es zurück nach Zittau, wo dem Bw gleich ein Besuch abgestattet wird. Wir wollen gern einige Fotos von der 99 4532 machen (Dn2t, Außenrahmen, gebaut von Orenstein & Koppel 1924). Sie gleicht völlig ihrer Schwester, der 4531, die schon 1908 von O & K geliefert wurde. Von dieser verwendete man die zweite und dritte Achse zum Ersatz der kostspieligen Klien-Lindner-Endachsen der 4532. Die 99 4532 war früher bei der Trusebahn in Thüringen eingesetzt. Jetzt bedient sie die Werksanschlüsse im Zittauer Stadtgebiet. Bis zur Einstellung der Trusetalbahn wurden ihre Aufgaben von einer sä. IV K erledigt. Die 99 4532 steht unglücklicherweise kalt im hintersten Teil des zweiständigen Schuppens, davor noch zwei 1'E1'-Maschinen. Nach einigem Betteln ziehen die Eisenbahner freundlicherweise unseren „Liebling" heraus, so daß wir ihn von allen Seiten fotografieren können. Rolf nimmt von der Maschine dann noch eine halbe Stunde lang alle Maße, weil er sie nachbauen will. Im Normalspurteil des Bw sehen wir einige 38.10, 52, 52.80 und 86. Auf einem Abstellgleis entbietet uns noch die Königlich Sächsische Staatsbahn mit der 75 516 und der 94 2027 freundliche Grüße. Auch eine „alte" 86 (86 012) ist vorhanden. Die 75 501 steht in der Werkstatt und soll für das Verkehrsmuseum hergerichtet werden.

Nach diesem krönenden Abschluß geht es mit einer „Blutblase", einem Schienenbus, zurück nach Görlitz. Dort erhaschen wir noch einen allerletzter Blick auf die ELNA's, und hinter einer 118 (ex V 180) geht es im Eilzug wieder nach Hause.

1971: Auf Dampflokexkursion West

Die 078 453 ist am 29. Juli 1971 mit dem P 3911 von Rottweil nach Villingen bei Neufra unterwegs

An einem dunklen, verregneten Novemberabend 1997 saß ich wieder einmal vor einem Stapel vergilbter Schreibmaschinenseiten, um endlich auch die Daten meiner alten Schwarzweißfotos computergerecht zu archivieren. Mittlerweile war ich im Jahr 1971 angelangt, ein Jahr, in dem ich oft in Sachen Dampflok unterwegs gewesen war und das in meiner Erinnerung bis heute recht lebendig ist. Mit diesen Zeilen möchte ich Sie einladen, mich auf einer Zeitreise zu begleiten, die Sie mit ganz persönlichen Eindrücken und Erlebnissen in eine längst vergangene Epoche zurückversetzt.

1971 standen die Dampflokomotiven bei der DB zwar schon längst nicht mehr im Vordergrund, aber bei einem Unterhaltungsbestand von ca. 1500 Lokomotiven dampfte es noch fast allerorten. Allzuviel hatte sich an den Einsätzen gegenüber dem Vorjahr nicht geändert: Zwar hatten sich 1970 mit den Hagener 57ern die letzten preußischen G 10 verabschiedet, doch die P 8 und T 18 in Tübingen und Rottweil waren selbst im Rentenalter ebenso unverzichtbar wie die Baureihe 94.5, die vor allem im Norden und Westen des Landes noch an so manchem Ablaufberg anzutreffen war. Das Rheinland war zur letzten Domäne der Baureihe 55.25-56 geworden und der werktägliche Nahgüterzug von Siegburg nach Lohmar wurde unter Fans als Geheimtip gehandelt. Auch hochwertige Züge fuhren 1971 noch mit Dampf: Während die Hofer 01er die D-Züge durch die Oberpfalz und Oberfranken bespannten, konnten im Norden der Republik die ölgefeuerten 01.10 auf der Ems-

Zuviel des Guten: Die letzte Wannentender-P 8 der DB, die 038 637, beim Wasserfassen in Rottweil 1971

landstrecke und der Marschbahn zum letzten Mal beweisen, was in ihnen steckte. Die schon mehrfach totgesagten Ulmer 03 hatten noch eine letzte Gnadenfrist erhalten und waren immer noch auf der württembergischen Südbahn im Einsatz. Selbst bei der 65er-Neubaulok war nach dem Abzug aus Darmstadt ins nordbayrische Aschaffenburg von „Frühverrentung" noch keine Rede.

Die neuen EDV-Nummern mit der vorgesetzten „0" für die Dampfloks waren damals unter Eisenbahnfreunden noch längst nicht akzeptiert, obwohl sie mittlerweile an allen Loks angeschrieben waren. Die 044 war halt immer noch die 44er, und der Eisenbahnfan, der nach der 001 oder der 038 fragte, wurde ebensowenig ernstgenommen, wie der Super 8-Filmer, den ich an der Emslandstrecke traf, der steif und fest behauptete, daß die Rheiner 042er eine rekonstruierte 42er wären. Er ließ sich auch nicht vom Gegenteil überzeugen! Seltsamerweise haben sich bis heute bei einigen Baureihen die Länderbahnbezeichnungen wie P 8 oder S 3/6 eingeprägt, während sie bei anderen längst in Vergessenheit geraten sind. Oder fällt ihnen auf Anhieb die Länderbahnbezeichnung der Baureihe 98.8 ein?

Die Eisenbahnzeitschriften steckten damals noch in den Kinderschuhen und lieferten kaum brauchbare Meldungen vom aktuellen Dampfbetrieb. So hatte ich, wie in den Vorjahren, zur Vorbereitung der Touren die Bahnbetriebswerke angeschrieben, um die Umlaufpläne gebeten, Rückporto und einige Fotos beigelegt und wartete gespannt auf die Post. Geantwortet haben alle Dienststellen; denn Anfragen von Eisenbahnfreunden waren damals noch Chefsache, was sich schon daraus ablesen läßt, daß die Briefe mit viel Mühe und Sorgfalt erstellt worden waren und meist doppelt, manchmal sogar dreifach vom Dienststellenleiter und weiteren Beamten unterzeichnet waren. Die typischen Wendungen, wie „wir bedanken uns für Ihr Interesse an den Dampflokomotiven der DB", oder „wir erwarten Ihren Besuch und verbleiben mit vorzüglicher Hochachtung" ließen das Selbstwertgefühl des jugendlichen Eisenbahnfans in die Höhe schnellen. Außerdem waren auf den Antworten die Durchwahlnummern des Dienstvorstehers oder der Lokleitung angegeben, vor Ort war das oft von unschätzbarem Nutzen. Manche Bw'e, wie Tübingen oder Rottweil, hatten mittlerweile die Umlaufpläne auf Matrizen vervielfältigt, denn Fotokopierer waren damals noch teuer und kaum verbreitet. Von der Einsatzstelle Siershahn im Westerwald bekam ich einen handgeschriebenen Laufplan der Baureihe 82, ergänzt durch Tips für die besten Fotostellen. Auch manch skurrile Antwort war dabei. So traf der Laufplan des Bw Aalen für die 78 192 am gleichen Tag dreifach bei mir ein, weil er wegen eines Rechtschreibfehlers zweimal korrigiert werden mußte, aus Versehen aber alle Fassungen abgeschickt worden waren. Noch heute frage ich mich, wie es die Mitarbeiter des Bw Ulm geschafft haben, mit der Schreibmaschine die diagonalen Linien beim damals üblichen „werktags-außer-Samstag-Logo" zu zeichnen, was selbst heute am Computer nicht so einfach ist. Den Vogel abgeschossen hat jedoch der handgemalte Umlaufplan des Bw Aschaffenburg, der fast wie gedruckt aussieht und eigentlich in einen Rahmen gehört.

Die Bw-Besuche selbst waren damals eigentlich völlig unproblematisch, obwohl sich so manche Mythen über diese Stätten gelegt hatten, die meist hinter hohen Mauern abgeschottet und oft nur auf dem Weg über die Gleise zu erreichen waren. Verbotsschilder wie „Das Betreten der Anlagen ist für Unbefugte strengstens verboten", taten ein Übriges, um den Normalbürger fernzuhalten, so daß sich selbst einige Eisenbahnfans, die bei der Bahn arbeiteten, kaum ins Allerheiligste trauten. In der Regel meldete man sich bei der Lokleitung an, wurde dort auf die Gefahren und Unfallverhütungsvorschriften hingewiesen und konnte anschließend nach Herzenslust fotografieren. In manchen Dienststellen wurde extra ein Mitarbeiter als Begleiter abgestellt. Oft war dies ein begeisterter Eisenbahner, der den neugierigen Fan geduldig auch in die hintersten Ecken führte, der auf jede Frage eine Antwort hatte und dabei noch so manch abenteuerliche Geschichte zum besten geben konnte. Meist aber dauerte die Führung nur knapp fünf Minuten und der amtliche Begleiter zog sich mit der Ermahnung „Paß'n bißchen auf" in die Kantine oder nach sonstwohin zurück.

Im Bw Gremberg mußte ich DM 1,39 (incl. 14 Pfennig Mehrwertsteuer) für die Haftpflichtversicherung zahlen und konnte anschließend, mit offizieller Bescheinigung ausgestattet, kreuz und quer durchs Gelände marschieren.

Das Bw Mayen in der Eifel schickte mir eine Fotogenehmigung, die mir „ausnahmsweise gestattete, die auf dem Gelände des Bw Mayen abgestellten Dampfloks zu fotografieren". Das Betreten der Lokhallen war allerdings nicht gestattet. Beim Besuch vor Ort war das jedoch nie ein Problem. Im Gegenteil, diese Bescheinigung war in fast allen Orten der Republik Gold wert, ebenso wie die immer mitgeführte Fotogenehmigung, die ich völlig überraschend mit einem Stapel Dampflokpostkarten von der Direktion in Regensburg erhielt, als ich das Bw Hof wegen der 01-Pläne angeschrieben hatte. Fast immer, wenn es beim unbefugten Überschreiten der Gleise Ärger gab, zeigten die Fotogenehmigungen mit den DB-Stempeln entsprechende Wirkung, so daß sich ein anfangs oft mißmutiges Auftreten mancher Bahnbeamten nicht selten in ein freundliches Interesse an dem von höherer Stelle unterstützten Hobby verwandelte. Bei einer Wanderung am Schienenstrang zwischen Ulm und Aulendorf wurde eine Polizeistreife auf der oberhalb der Strecke verlaufenden Landstraße auf uns aufmerksam. Nachdem einer der beiden Polizisten nach einer Rutschpartie im Einschnitt recht unsanft auf dem Schotter neben uns gelandet war, konnten wir ihn mit Hilfe eben jener Fotogenehmigung von der Harmlosigkeit unseres Tuns überzeugen und gleichzeitig den Verdacht ausräumen, wir seien potentielle Selbstmörder oder ausgerissenen Jugendliche.

Eine weitere Schrecksekunde gab es im Bw Horb, wo damals im Lokschuppen noch die Zahnradlok 97 504 aufbewahrt wurde. Eine P 8 hatte gerade die Drehscheibe in Richtung Bahnhof verlassen, als ein Bahnpolizist mit einem laut bellenden Schäferhund im Laufschritt auf mich zustürmte. Mit allerschlimmsten Befürchtungen blieb ich wie angewurzelt stehen, bis die beiden mich erreicht hatten, der Hund mich mit wedelndem Schwanz beschnupperte und der Bahnpolizist mich freundlich bat, ein Foto von ihm mitsamt Hund auf der Drehscheibe zu „knipsen".

Nie vergessen werde ich auch den Samstagnachmittag Anfang Januar im Bw Wuppertal-Vohwinkel, als, nachdem die letzte 94er vom Rangierdienst zurückgekehrt war, der Drehscheibenwärter sein Akkordeon auspackte und kurz darauf, trotz eisiger Temperaturen, ein Grillfest mitten auf der Drehscheibe gefeiert wurde.

Überhaupt waren die Bahnbetriebswerke, vor allem die Kantinen der DB, das reinste Paradies für Eisenbahnfans, zumal, wenn sie wie ich als Schüler nur über ein geringes Taschengeld verfügten. Ein warmes Essen für unter 2 Mark, der halbe Liter Bier für 70 Pfennig, so ließ sich prächtig leben. Für einen Kodachrome-Diafilm mußte man allerdings schon damals zwischen 15 und 20 DM auf den Ladentisch legen, so daß auch 1971 die Schwarzweißfotografie für mich im Vordergrund stand.

Meine Kameraausrüstung war besser als im Vorjahr, weil ich mir endlich die lang erträumte Minolta SRT 101 Spiegelreflexkamera leisten konnte, die allerdings nicht unter 725,- DM zu haben war, weil es 1971 noch Festpreise für Kameras gab. Selbst bei Discountern waren ein Rabatt von 3 Prozent bei Barzahlung und ein kostenloser Diafilm das Äußerste der Gefühle.

Die preiswerteste Variante des Bahnfahrens war damals die Ferientourenkarte, die 1970 mit gutem Erfolg eingeführt worden war und 1996 in abgespeckter Form ein Comeback feierte. Wer mit der Bahn ein mindestens 200 km entferntes Urlaubsziel innerhalb Deutschlands ansteuerte, konnte anschließend zwei Wochen lang zum Preis von DM 30,- mit allen (!) Zügen auf einem rund 1000 km umfassenden Streckennetz, das in etwa einem Direktionsbezirk gleichkam, beliebig oft fahren. Obwohl dieses Angebot schon 1970 von 125 000 Urlaubern genutzt wurde, gab es immer wieder Probleme mit den Schaffnern, die die rosa Karte mit der Streckenskizze auf der Rückseite nicht kannten oder schlichtweg für einen Scherz oder eine Fälschung hielten …

Übernachtet habe ich meist in Jugendherbergen, wo man an den einschlägigen Orten Gleichgesinnte aus aller Welt treffen und die neuesten Infos und Gerüchte austauschen konnte. Die Nachtruhe um 22 Uhr war kein Problem, da man nach einem langen Tag an der frischen Luft eh erschöpft war und prächtig schlief. Doch vor 7 Uhr morgens kam man in der Regel dort nicht raus, und das war im Sommer schon ein Problem: Die Umstellung der Uhren auf Sommerzeit gab es Anfang der siebziger Jahre noch nicht, und von Mai bis Juli war um 5 Uhr in der Frühe bei gutem Wetter schon allerbestes Fotolicht, und die ersten dampfbespannten Berufspendlerzüge waren auch schon unterwegs. Die Laufplangestalter der Nahgüterzüge schienen ebenfalls durchweg Frühaufsteher zu sein, im Gegensatz zu den Herbergsvätern, die genervt waren, wenn sie wieder einmal einem Eisenbahnfan die Haustür um 4.30 Uhr aufschließen sollten. Die Konsequenz war, daß ich mit einem kleinen Grüppchen Gleichgesinnter des öfteren auf Bahnhöfen übernachtet habe.

Gemütlich war es in einem Landbahnhof im Neckartal, wo uns der Bahnhofsvorsteher bis zum Dienstbeginn im Schalterraum eingeschlossen hatte und uns am frühen Morgen mit einem starken Kaffee überraschte.

Auch im geräumigen Warteraum des Tübinger Hauptbahnhofs hatten wir einmal unser Nachtlager aufgeschlagen, inmitten zahlreicher Stadtstreicher, die hier ihre gut geheizte neue Bleibe gefunden hatten. Zwar wurden sie im regelmäßigen Turnus von der Bahnpolizei vertrieben, weil sie im Gegensatz zu uns keine Fahrkarte vorzeigen konnten, doch jeweils eine Viertelstunde später waren alle wieder versammelt. Die harten Holzbänke und das mehrstimmige Schnarchkonzert ließen keinen Schlaf zu, zumal ich aus Angst um die Fotoausrüstung in der ungewohnten Umgebung meine Fototasche zum Kopfkissen umfunktioniert und mir den

Im Hauptbahnhof Tübingen steht am 25. Juli 1971 die 038 772 mit ihrem Zug zur Abfahrt nach Horb bereit

Schulterriemen zweifach um den Hals gewickelt hatte.

Eine andere Variante waren die Zugübernachtungen: Zwischen Stuttgart und Ulm war die ganze Nacht Reisezugverkehr. Beim Pendeln konnte man es sich immer für eine knappe Stunde bequem machen, dann schellte der Wecker, und kurz darauf ging es mit dem nächsten Zug wieder in die Gegenrichtung. Doch unsere Rechnung ging wieder einmal nicht auf, weil einige der nächtlichen D-Züge so überfüllt waren, daß wir keinen Sitzplatz ergattern konnten und an Schlaf überhaupt nicht zu denken war. Eine Folge dieser Aktionen war, daß ich manchmal tagsüber während der Bahnfahrt eingeschlafen war und manchmal erst in Orten, die außerhalb des Geltungsbereichs der Tourenkarte lagen, vom Schaffner geweckt wurde.

Das Leben Anfang der siebziger Jahre war noch wesentlich gemütlicher, der Autoverkehr hatte zwar schon deutlich zugenommen, dennoch ging es auf den Straßen längst nicht so hektisch zu wie heute. Fotostellen waren reichlich vorhanden, weil die Strecken, auf denen noch Dampfloks fuhren, schon allein wegen der Brandgefahr regelmäßig abgeholzt und vom Buschwerk befreit wurden und damit längst nicht so zugewachsen waren wie heute. Auch im Gegensatz zu heute war man selbst an den schönsten Fotopunkten fast immer ganz allein mit der Natur und der alten Technik.

Da ich damals noch kein Auto besaß, war die Eisenbahnfotografie für mich unzertrennbar verbunden mit eben jenen Wanderungen am Schienenstrang, wie sie Karl Ernst Maedel in seinen Büchern so vortrefflich beschrieben hat. Viele Eindrücke von Land und Leuten habe ich bis heute nicht vergessen: Schmucke Bahnwärterhäuschen mit bunt blühenden Blumenkästen an den Fenstern zwischen Ebingen und Sigmaringen, Gespräche mit Bauern bei der Ernte, die ich ob des Dialektes nur schwer verstehen konnte, und die andererseits überhaupt nicht verstehen konnten, daß ich von weither angereist war, nur

An der Bekohlung der Einsatzstelle Siershahn legt am 22. Juli 1971 die 094 055 ein Päuschen ein

um die alltäglichen alten Lokomotiven zu fotografieren.
Heiß war es im Sommer 1971 auf der schwäbischen Alb. Leckere Himbeeren gab es reichlich längs der Strecke, allerdings auch angriffslustige Wespen und laut brummende Schienenbusse, die den Eisenbahnfreund immer gerade dann störten, wenn er auf einer Sommerwiese seinen wohlverdienten Mittagsschlaf zwischen zwei P 8-Zügen hielt. Die großen Viadukte bei Dornstetten waren ebenfalls ein beliebter Sammelplatz für stechende Insekten, zu allem Überfluß explodierten auch noch unsere Sprudelflaschen, die wir zwar an einem schattigen Plätzchen gelagert hatten, ohne jedoch die Wanderung der Sonne zu bedenken.
Gern denke ich an die Zeit zurück, als ich mit englischen Fans entlang der Schiene von Aulendorf durchs Schussental nach Durlesbach und weiter nach Mochenwangen gewandert bin. Die Wartezeit auf die 03 hatten wir uns mit lautem Singen der aktuellen Beatles-Songs verkürzt, so daß wir den Auspuffschlag der zahlreichen 50er, die hier mit Güterzügen unterwegs waren, oft erst im letzten Moment hörten.
Eine der schönsten Wanderungen, die ich später auch zur Dieselzeit noch mehrfach wiederholt habe, führte durch das wildromantische Brexbachtal am Westhang des Westerwaldes. Der Bäcker in Bendorf-Sayn war mir von früheren Touren noch in allerbester Erinnerung. Nachdem wir uns dort mit Brötchen, Fleischwurstringen und dem damals noch pyramidenförmigen Tetrapack Milch eingedeckt hatten, machten wir uns an den Aufstieg zur weit oberhalb des Ortes verlaufenden Bahn. Auf dem acht Kilometer langen Weg zum Bahnhof Grenzau führt die heute stillgelegte Strecke weitab von jeder Straße und Besiedlung durch sechs Tunnel, über zwei große Viadukte und über unzählige kleine Brücken durch eine wunderschöne Mittelgebirgslandschaft.
Unvergeßlich bleiben die Eindrücke von den Neubaulokomotiven der Baureihe 82, die sich hier mit Vorspann- oder Schublok vor langen Tonzügen nach Siershahn abmühten. Ebenso eindrucksvoll waren die Bergfahrten auf dem Abschnitt Herrnberg – Hirzenhain an der mittelhessischen Strecke von Dillenburg nach Gönnern, die auch 1971 noch fest in der Hand der Dillenburger 94er war. In der 1:17-Steigung der ehemaligen Zahnradstrecke zwischen Herrnberg und Hirzenhain waren die Maschinen voll gefordert und die Auspuffschläge hallten noch lange nach Durchfahrt des Zuges durchs Tal.
Die Moselstrecke stand Anfang der siebziger Jahre immer noch unter Volldampf, hier konnte man Hauptbahn-Dampfbetrieb in einer Form

erleben, wie er woanders schon längst Vergangenheit war. Die 01, 23 und 50 teilten sich mit wenigen 216 den Reisezugdienst, während die 44 mit schweren Güterzügen, zeitweise im Blockabstand, durchs Moseltal dampften. Die steilen Weinberge boten ideale Fotomöglichkeiten, obwohl der Aufstieg nicht ganz ungefährlich war, worauf zahlreiche Holzkreuze in den Weinbergen hinwiesen, die an verunglückte Erntehelfer erinnerten.

Einen besonderen Platz in meiner Erinnerung nimmt auch die Bank in einer kleinen Grünanlage oberhalb des Bahnhofs Rottweil ein, von der ich die 78 164 auf dem Ablaufberg beobachten konnte, wie sie eine schier endlose Güterwagenzahl auseinanderdividierte.

Für die Wanderungen an der Marschbahn zwischen Heide und Niebüll habe ich während des Urlaubs an der Nordsee bei idealem Badewetter auf so manchen Strandtag verzichtet, was von den mitreisenden – nicht vom Dampflokvirus infizierten – Freunden nur mit Kopfschütteln kommentiert wurde. Überhaupt stieß das ausgiebig betriebene Hobby im Freundeskreis auf nur wenig Gegenliebe, und auch meine damalige Freundin mußte eine erste harte Probe bestehen, weil ich mich in den Sommerferien wieder für drei Wochen zu meinen geliebten Preußinnen nach Süddeutschland abgesetzt hatte ...

Die Dampflokomotive stand 1971 für mich noch absolut im Vordergrund: Für die Altbauelloks und Vorkriegstriebwagen, die mir in Süddeutschland noch fast überall begegneten, für die V 36, die noch in einigen Bahnhöfen rangierte, für die damals ungeliebte V 100 und auch die V 200, die noch im hochwertigen Reisezugdienst liefen, für den überall präsenten Schienenbus und auch so manch andere Raritäten aus heutiger Sicht habe ich den Kameraauslöser meist nicht gedrückt. Selbst die Baureihe 50, die damals noch fast überall unterwegs war und von der ich oft bei Streckenwanderungen mit unerwarteten Güterzügen und Sonderleistungen überrascht worden bin, habe ich nur an ausgesuchten Fotostellen und allenfalls in schwarzweiß im Bild festgehalten, es war halt Alltag damals.

Der Autor in Aktion im „Outfit“ jener Jahre

Aus heutiger Sicht sind die verpaßten Fotos natürlich ein Grund zum Ärgern: Ob die Fans, die 1991 beim Plandampf „Viva Magistrale“ die zahlreichen 228 unbeachtet vorüberfahren ließen, wohl jetzt schon genauso denken? Auch heute beobachte ich bei Sonderfahrten und Plandampfveranstaltungen, daß die meisten Fotografen ihre Kamera enttäuscht sinken lassen, wenn ein Reisezug mit einer 228 oder einer 232 vorbeifährt, die in 10 oder 20 Jahren auch längst Geschichte geworden sind, und dann – wenn sie mit Sonderzügen unterwegs sind – wahrscheinlich wieder jede Menge Fotografen an die Strecke ziehen werden.

Kehrt man heute an die Fotopunkte von damals zurück, hat man meist Mühe, sich zurechtzufinden: Deutlich kann man die Auswirkungen einer Politik spüren, die in den letzten drei Jahrzehnten den Autoverkehr bevorzugt und den Schienenverkehr stiefmütterlich benachteiligt hat. Wo Anfang der 70er Jahre noch eine unbedeutende,

Bei Aulendorf unterquert ein Eilzug nach Ulm mit der 003 131 am 3. August 1971 eine Straßenbrücke

oft nicht einmal geteerte Straße die Eisenbahn an einem Schrankenposten kreuzte, trifft man heutzutage auf eine vierspurige Umgehungsstraße mit großzügigem Brückenbauwerk über die Bahn. Zwar ist dadurch unbeabsichtigt so manch neuer erhöhter Fotostandpunkt entstanden, doch können autobahnähnliche Straßen mit nicht abreißendem Lkw-Verkehr nur wenig von der einstigen Atmosphäre wiedergeben. Der Plausch mit dem Schrankenwärter, das Aufwärmen am Kohleofen nach langen Wanderungen im Winter bzw. ein schattiges Plätzchen im Postenhäuschen mit kühlen Getränken im Sommer können sie ebensowenig ersetzen, wie die Gespräche und Geschichten, die Fahrzeiten und Sonderleistungen, die man dort aus erster Hand erfahren konnte. Ähnlich sieht es bei den Bahnhöfen aus: Wo es zur Dampflokzeit noch einen meist liebevoll gepflegten Bahnhof mit Fahrkartenschalter, Güterverladung und zahlreichen Nebengleisen gab, der einigen Eisenbahnern Beschäftigung bot, gibt es heute nur noch ein Durchfahrtgleis, keinen Eisenbahner vor Ort und meist einen nicht besonders einladend wirkenden Haltepunkt mit einem zugigen Wartehäuschen, das nur wenig vor den Unbilden der Witterung schützt und entweder demoliert oder mit Graffiti geschmückt ist. Die damals noch reichlich vorhandenen Bahnhofsgaststätten sind zumindest in den alten Bundesländern abseits der großen Städte fast schon ausgestorben. Selbst kleinere Ortschaften haben sich in den letzten Jahrzehnten großzügig ausgedehnt. Neu erschlossene Industriegebiete, fast immer ohne Gleisanschluß, Supermärkte, Möbel- und Autohäuser, Heimwerkermärkte und Großtankstellen auf der grünen Wiese, die als typische Attribute der 90er Jahre mittlerweile auch in den Kleinstädten der neuen Bundesländer Standard sind, lassen so manch lauschigen Platz von einst kaum wiederfinden. Auch die meisten Dampflok-Bw'e von damals werden heute nicht mehr gebraucht, sie sind entweder dem Erdboden gleichgemacht oder bestenfalls als Ruinen erhalten, die mittlerweile wieder von der Natur zurückerobert werden.

1971 ist in meiner Erinnerung ein gutes Jahr geblieben, vieles mag inzwischen durch die Zeit geschönt, so manch Negatives schon längst vergessen sein. Doch die Probleme von heute, allen voran die Massenarbeitslosigkeit, waren damals noch kein Thema. Im Gegenteil: Die Wirtschaft boomte, mit ein Grund für die zahlreichen Dampflokeinsätze, vor allem im Güterverkehr. Gastarbeiter aus dem EWG-Ausland waren damals noch unverzichtbar, und auch die Bahn suchte noch Arbeitskräfte. Mein größter Wunsch, während der Sommerferien als Aushilfsheizer zu fahren, scheiterte allerdings am Mindestalter von 21 Jahren.

Die Versuche, heute ein Stückchen Eisenbahnromantik dieser Zeit zurückzuholen scheitern meist kläglich: Wo kann man heute noch eine Dampflok allein erleben, wo ist noch ein abendlicher Besuch im Lokschuppen möglich, wo man dem Atem von 20 Maschinen lauschen kann, wo kann man noch an der Strecke warten und weiß nicht, welche Lok als nächste um die Ecke kommt?

Die Sehnsucht nach den alten Dampfzeiten ist auch Ende der 90er Jahre ungebrochen. Die Prognosen der frühen siebziger Jahre, daß in 20 Jahren Dampfloks nur noch in Museen und auf Denkmalsockeln zu finden sein werden, weil die nötige Infrastruktur nicht mehr vorhanden ist, kein Mensch mehr Dampflokomotiven reparieren kann und zudem das Interesse an der Dampflok mit deren Verschwinden kontinuierlich abnimmt, sind ins absolute Gegenteil verkehrt worden. Was vor 25 Jahren noch völlig unvorstellbar war, ist heute mit viel Geld möglich geworden: Eine Stromlinien-01.10 dampft nach 50 Jahren ebenso wie die badische IVh 18 316 wieder durch die Lande. Selbst eine bayrische Pt 2/3 ist wieder aktiv.

Es ist nur noch eine Frage der Zeit, wann wir die DB-Neubaulok der Baureihe 10 wieder unter Dampf erleben können und vielleicht sogar einmal einen Nachbau der bayrischen Gt 2 x 4/4 oder der projektierten Baureihe 53, die es zumindest als Märklin-Modell schon gibt. Wenn heute eine Dampflok unterwegs ist, was zumindest an den Sommerwochenenden 1998 durchaus schon wieder Alltag geworden ist, jagen Hunderte von Fans halsbrecherisch mit dem Auto dem Zug nebenher. Es herrscht Volksfeststimmung und selbst abgelegene Fotopunkte sind kurz vor der Durchfahrt des Zuges von Horden von Fotografen und Videofilmern belegt, die nach Größe geordnet und mit Hilfe von Leitern versuchen, die optimalen Bilder herzustellen. Auch ich bin ab und an bei solchen Veranstaltungen, weil ich das Erlebnis einer hart arbeitenden Dampflok auf Bergfahrt nicht missen möchte.

Trotzdem muß ich zugeben, daß ich mich mittlerweile an mancher Bahn-AG-Nebenstrecke wesentlich wohler fühle, weil man hier trotz eines 628 oder der 212 mit der Ein-Wagen-Übergabe immer noch ein bißchen das typische Eisenbahngefühl längst vergangener Zeiten erleben kann.

Abseits der Magistralen

Am 27. September 1975 überquert die 99 568 im letzten Abendlicht den großen Stützengrüner Viadukt

Im August 1972 gehört die 064 491 zu den letzten 64ern des Bw Heilbronn

Bahnfahren auf dem Lande in den fünfziger Jahren

Auch im Rhein-Main-Gebiet waren um 1950 allenthalben noch die Folgen des Krieges zu spüren, etwa anhand provisorisch geflickter Brücken, Betriebswerke und Streckenabschnitte. Bei der Bahn herrschte der Dampfbetrieb vor. Erst 1957 erreichte der Fahrdraht von Süden, von Heidelberg her, Frankfurt, 1963 dann Friedberg. Güterverkehr war eine Domäne der Bahn. Selbst auf Nebenbahnen auf dem sprichwörtlichen flachen Lande (das so flach gar nicht immer ist) konnte man – noch – mit älteren Dampflokomotiven bespannte Güterzüge von beachtlicher Länge beobachten. So auch in Oberhessen.
In Echzell (Strecke Friedberg – Nidda, jetzt KBS 632), wohin mich der Krieg aus dem zerbombten Frankfurt Ende 1943 verschlagen hatte, faszinierte mich gegen Abend das umfängliche Rangiergeschäft des Nahgüterzuges, der auf den nur zweieinhalb Ladegleisen zuweilen eine halbe Stunde brauchte, bis er, unterbrochen vielleicht durch einen kreuzenden Personenzug, sechs oder acht Güterwagen eingesammelt und andere bereitgestellt hatte. Im Herbst, zur Erntezeit, brach auf den Strecken durch die Wetterau regelrecht Hektik aus. Lange Rübenzüge mit Nachschub für die 1981 stillgelegte und später abgetragene Zuckerfabrik in Friedberg (Hess) füllten die Gleise. Verladeeinrichtungen gab es nach dem Kriege anfangs nicht, und die mit Pferdefuhrwerken angelieferten Rüben mußten von Hand oder mit primitiven Vorrichtungen in die Waggons geschaufelt werden. Getreide, Kartoffeln, sogar Heu und Stroh, Bier und Mineralwasser, selbstverständlich auch Kohlen und Holz, reisten neben Industrieprodukten mit der Eisenbahn. Für uns Schüler war es ein reizvolles Schauspiel, wenn bei nassen Schienen die Triebwerke der alten Loks schon an der kleinsten Steigung ins Schleudern kamen
Doch das ist Geschichte. Lange noch rosteten in Echzell die letzten, nicht zurückgebauten Ladegleise – mit Gleisstücken noch aus dem Eröffnungsjahr 1898 (!) – ungenutzt vor sich hin. Jetzt wachsen, wie auch auf fast allen anderen („privatisierten") Dorfbahnhöfen, an ihrer Stelle Bäume und Sträucher aus dem leeren Schotter, ein Anblick, der nicht an moderne Bahn denken, sondern eher Nostalgie aufkommen läßt. „Güter auf die Straße" scheint das Motto zu sein! Selbst die Müll-Verladung in Grund-Schwalheim bei Echzell, wo einst selbst das Mineralwasser des Römerbrunnens per Bahn versandt wurde, endete 1995. Nur einzelne Kunden in Nidda, Hungen, Lich und Laubach beziehen noch Waren über die Bahn.
Betrachtet man heutzutage Bilder aus der hier beschriebenen Zeit des Wiederaufbaus und beginnenden Wirtschaftswunders, entdeckt man, daß viele der Gleisanlagen und Bauwerke nicht mehr vorhanden oder aber, völlig verän-

Ein Personenzug mit der 56 512 rollt um 1950 mitten auf der Dorfstraße durch Kohden

Der Personenzug von Schotten passiert mit der 56 338 Kohden auf seiner Fahrt nach Nidda. Wir schreiben das Jahr 1950. Elf Jahre später wird der allerletzte Restverkehr eingestellt werden

dert, kaum wiederzuerkennen sind. Gleiches gilt für die damals ungepflasterten Dorfstraßen, meist ohne Gehsteige, und viele Häuser. Heute sehen die gewachsenen Ortschaften dagegen wie schmucke kleine Städte aus.

Es war damals eine Zeit, als es Taktverkehr fast nur bei Straßenbahnen gab und die Begriffe Computer oder Thyristorsteuerung oder gar elektronisches Stellwerk und ICE noch gar nicht erfunden waren, das Fernsehen in den Anfängen steckte und niemand von einer Fernseh-Sendereihe „Eisenbahnromantik" (in Farbe!) auch nur träumte. Da ging es auf Nebenbahnen doch sehr viel beschaulicher zu als heute.

Im Herbst 1944 hatte ich den Schulbesuch per Bahn abbrechen müssen, weil fast täglich der Mittagszug von alliierten Tieffliegern angegriffen wurde – wobei oft nicht nur die Lok zu Schaden kam. Nach kriegsbedingter Pause pendelte ich von 1946 bis 1953 als Gymnasiast wieder jahrelang zwischen Echzell und Friedberg (Hess). Morgens verkehrte erst nur ein Zug sehr früh von Nidda nach Friedberg, um Berufstätige, Schüler und Bauersfrauen mit Marktkörben in die Kreisstadt zu bringen, wo er bereits gegen 7 Uhr eintraf. Pendler nach Frankfurt stiegen dort um. Danach kam lange nichts, also durfte man den meist mit einer Dampflok preußischer Herkunft bespannten vollbesetzten Zug nicht versäumen. Er war aus Ci-Wagen der unterschiedlichsten Bauarten und Herkunft zusammengestellt, mit Holzbänken, einige mit großräumigen Abteilen für „Reisende mit Traglasten". Dazu zählte auch lebendes Federvieh. Neu und ungewohnt war es für gelernte Wetterauer Fahrgäste, als eines Tages dreiachsige preußische Abteilwagen und sogar vereinzelt uralte Eilzugwagen auf den Nebenstrecken nach Hungen und Nidda auftauchten.

Wie oft bin ich losgerannt, wenn ich gegen 6.30 Uhr, einer wahrhaft unchristlichen Zeit für einen angehenden jungen Morgenmuffel wie mich, zu Hause die lauten Auspuffschläge der abfahrenden Lok an der vorhergehenden Station, dem damaligen Haltepunkt Grund-Schwalheim, hörte, um wenigstens einigermaßen zeitgleich mit dem Zug am Bahnsteig einzutreffen. Fertig anziehen mußte ich mich nicht selten auf der offenen Plattform während der Fahrt. Da war ich allerdings nicht immer allein: Meinem Freund, dem späteren langjährigen Bürgermeister der Gemeinde, ging's manchmal ebenso. Immerhin schauten die meisten Fahrdienstleiter vorsorglich erst in Richtung Zufahrtsweg, ehe sie das Abfahrtsignal gaben – und warteten damit notfalls. Die kannten schließlich ihre Pappenheimer! (Erst nach 1950 hatte die neue Bundesbahn ein Einsehen und die Mittel und setzte eine knappe Stunde später einen Schülerzug ein.)

Öfter kam der anfahrende Zug mit einem Ruck und einem scharfen Pfiff der Lok nochmals zum Stehen. Nicht etwa, weil einer die Notbremse gezogen hätte, sondern weil der Lokführer verspätete (Stamm-)Fahrgäste winkend die Bahnhofstraße herunterrennen sah. Also hielt er, bis die Langschläfer, unter anfeuernden Zurufen der pünktlich gewesenen Mitreisenden im Zug und kurzen, zur Eile gemahnenden Pfiffen der Dampfpfeife, über die Ladegleise sprintend, die rettende Plattform erreicht hatten. Erst dann schob er den Regler kräftig auf und versuchte – meistens freilich vergeblich – die verlorene Minute wieder „hereinzufahren". Wenn Güterwagen die Sicht versperrten, funktionierte das kundenfreundliche Manöver natürlich nicht.

Selbst die Führer der um 1952 aufkommenden neuen Schienenbusse der Baureihe VT 95 stoppten manchmal an einem Bahnübergang, weil ein Schüler oder ein Mütterchen es nicht rechtzeitig bis in den Bahnhof geschafft hatten. Heute sind derartige Szenen zumindest äußerst selten geworden – es ist ja auch nicht mehr so wichtig, denn nach einer Stunde fährt in der Regel der nächste Triebwagen oder Zug. Bei manchen Strecken muß man allerdings fragen: Wie lange noch?

Übrigens war es – außer am Monatsanfang – kein Unglück, wenn man seine persönliche Schülermonatskarte einmal vergessen hatte, denn der Zugschaffner kannte einen ja und wußte, daß man eine besaß. Er ließ es bei der Ermahnung bewenden, man möge doch gefälligst abends seine Siebensachen für den nächsten Tag herrichten, wenn man schon frühmorgens nicht beizeiten aus den Federn komme. Ich als angehender Eisenbahnfreund bekam bei solcher Gelegenheit oft zusätzlich zu hören, ein so unordentlicher Mensch wie ich brauche sich bei der DB erst gar nicht zu bewerben. (Bin ich etwa deshalb nach dem Abitur bei der Post gelandet?!)

Eine der vielen Bimmelbahnen in Odenwald, Taunus, Wetterau und Vogelsberg, die völlig verschwunden und weitgehend vergessen ist, war die 14 km lange Nebenbahn von Nidda nach Schotten (eröffnet am 26. Mai 1888, Personenverkehr stillgelegt am 27. November 1959, Güterverkehr stillgelegt 1960, Restverkehr bis zur Ladestelle Kohden 1961). Der bemerkenswerte Reiz gerade dieser überwiegend im Tal der Nidda verlaufenden Strecke waren die engen Ortsdurchfahrten. Wo sich heute die gut ausgebaute B 455 breit macht, durchquerte damals die Straßen-Eisenbahn die Ortschaften auf der Dorfstaße. Die Stationen lagen jeweils an den nördlichen Ortsrändern, dort, wo wieder ein eigener Gleiskörper am Straßenrand zur Verfügung stand. Ähnliches spielte sich bis 1963 (Personenverkehr) bzw. 1964 (Güterverkehr) bei der Reinheim-Reichelsheimer Eisenbahn im Odenwald ab, die ebenfalls streckenweise die Straße mitbenutzte, deren Verbreiterung sie bis Groß-Bieberau zum Opfer fiel.

Besonders eng ging es in Kohden her, das jetzt zu Nidda gehört. Der Zug mit seinen Ci und BCi schlich fast im Schrittempo unmittelbar an den Häusern entlang, zur Freude von uns Schülern. Selbstverständlich versuchten wir zuweilen bei Ausflügen in den Vogelsberg, aus den Blumenkästen in den Fenstern Blumen zu pflücken, und zwar meist mit Erfolg. Ich habe es mehrfach erlebt, daß der Zug abrupt anhielt, weil das Personal ein Hindernis aus dem Weg räumen mußte. Einmal sah ich, aus dem Fenster lehnend, wie ein Schwein auf einem direkt neben der Straße plazierten Misthaufen wühlte und dabei einer Egge einen Schubs gab, so daß dieses Ackergerät aus dem offenen Hof auf das Gleis rutschte. Zum Glück hatte der Heizer den Vorfall ebenfalls beobachtet ...

Es kam auch bisweilen vor, daß ein Lkw den Abstand zwischen Zug und Häusern falsch einschätzte, was unweigerlich zur Karambolage führte. In Ober-Schmitten war die Straße ein Stück weit etwas breiter und das Gleis dort in die Straßenmitte verlegt. Das Einfahrtsignal zum Kreuzungsbahnhof am Ortsende bei den Papierfabriken, die beachtliches Frachtaufkommen garantierten, stand am Straßenrand an einem Gartenzaun! Mit den Güterwagen wurde bis mitten auf die Dorfstraße rangiert, weil die eigene Trasse erst bei den Weichen begann.

Nur zwischen Rainrod (inzwischen nach Schotten eingemeindet) und Schotten verlief die Bahn abseits der Landstraße. Sie ist teilweise im Niddastausee „ertrunken".

Heute ist es kaum noch vorstellbar, daß auf der bei zunehmendem Individualverkehr ungünstig trassierten Nebenbahn in den fünfziger Jahren an manchen Tagen ein reger Ausflugsverkehr mit Sonderzügen aus Frankfurt abgewickelt wurde. Während der Auto- und Motorradrennen auf dem Schottenring mußten wegen Platzmangels die langen, aus D-Zug- und preußischen Abteilwagen bestehenden Sonderzüge teilweise in Ober-Schmitten oder gar in Nidda ab- und nach Schluß der Veranstaltungen wieder in Schotten bereitgestellt werden. Welch ein Betrieb herrschte da! Wie habe ich die Eisenbahner bewundert, die dieses alles ohne Komplikationen über die eingleisige Straßen-Eisenbahn bewerkstelligten. Zu erwähnen wären noch die durchgehenden Berufsverkehrszüge von Schotten über Nidda und Friedberg nach Frankfurt am Main Hbf und zurück für die vielen Pendler. Aber sie konnten ebensowenig wie die tagsüber eingesetzten Schienenbussse der Reihe VT 95 das von der Bevölkerung heftig aber erfolglos bekämpfte Ende der romantischen Strecke verhindern. Rasch wurden Gleise und Bauwerke (außer in Schotten) abgebrochen; es galt, für die sich rasant vermehrenden Autos durch den Bau breiter Straßen Platz zu schaffen. Nur so glaubte man – dem Zeitgeist entsprechend – die strukturschwache Gegend am Vogelsberg entwickeln zu können. Da blieb, wie man weiß, nicht nur das Schottener Bähnchen auf der Strecke. Übrigens: Ab Nidda gibt es die Pendlerzüge nach Frankfurt und zurück über Friedberg oder Glauburg (Bhf Stockheim, Oberhessen) immer noch bzw. wieder.

Als die „Seku“ noch fuhr

Vor der für einen 1. Mai zu Zeiten des „Dritten Reiches“ aufgeputzten 98 532 stehen der Heizer Bräunlein und Lokführer Ernst Nowak, der Onkel des Autors und Hauptperson dieser Geschichte

Mein Schulweg führte mich als zehnjähriger Steppke täglich an die Strecke der Sekundärbahn, die vom Hauptbahnhof aus durch die Stadt Erlangen führte. Sie war eingleisig und strebte nach einem großen Bogen im südlichen Stadtgebiet dann ostwärts und weiter nach Eschenau, wo ein Anschluß nach Gräfenberg bestand.

Die Strecke wurde mit Zügen, die gewöhnlich mit Dampflokomotiven der Baureihe 98.8 bzw. 98.11 bespannt waren, und den Dieseltriebwagen mit der Bezeichnung VT 70 bedient. Unter diesen Triebwagen, generell im weinroten Kleid, befand sich auch der „Hydronalium“ – eine Spezialausführung des VT 70 im metallfarbenbelassenen Alu-Aufbau. (U. a. fuhren vor dieser Epoche auch die Baureihe 98.5 und die Werdauer VT 86.9 (DRG 705 bis 708) und nach dieser auch Schienenbusse der Baureihe VT 95.) Das Gleis lag größtenteils in der Straßentrasse und kreuzte mehrere Querstraßen, so daß wegen der bestehenden Gefahr die Züge im Stadtgebiet eine vorgeschriebene Geschwindigkeit von 10 – 15 Stundenkilometer einzuhalten hatten, was für mich „die Chance“ bedeutete.

So führte mich wieder eines schönen Herbsttages mein Weg von der Schule kommend an die Strecke. Ein entferntes Läuten und Pfeifen signalisierte, daß sich etwas auf der Strecke tat! Wie ich von weitem erkennen konnte, war es eine Lz-Fahrt, und zwar mit der heute noch erhaltenen Dampflok 98 812. Sie war die Lieblingslok

In voller Fahrt dampft die 98 844 im Februar 1959 von Erlangen in Richtung Herzogenaurach

meines Onkels, der auch zum Stammpersonal dieser Maschine gehörte. „Vielleicht hat er heute Dienst und ist auf der Lok?", dachte ich mir. Ich riß beide Arme hoch und winkte, um auf mich aufmerksam zu machen. Tatsächlich – beim Näherkommen erkannte ich meinen Onkel auf der Lokführerseite. Mein Winken wurde heftiger und siehe da, die Bremsklötze legten an und die Lok hielt hier auf freier Strecke. Er fragte mich freundlich von oben herunter, ob ich ein Stück mitfahren wollte?

Das ließ ich mir nicht zweimal sagen und kletterte mit meinem Schulranzen, der kriegsbedingt noch aus Pappmaché bestand, auf die Lok. Nun konnte ich als Junge das erste Mal die Mitfahrt auf einer Lok erleben und die städtische Umgebung aus einer ungewohnten und außergewöhnlichen Perspektive betrachten. Auch das Umfeld im Führerhaus war für mich neu: Die vielen Bedienungsräder und Hebel, die Armaturen, die Dampf- und Fahrgeräusche, die Hitze vom Kessel, das Schaufeln des Heizers. Ein nicht erwarteter Achtungspfiff ließ mich erschrecken und zusammenzucken. Auch das gehörte dazu.

Da mich die Fahrt immer weiter von meinem zu Hause entfernte, fragte mich mein Onkel, wo ich denn gedenke, wieder auszusteigen. (Von mir aus wäre dieses Ansinnen aufgrund des beeindruckenden Erlebnisses nie gekommen, da ich viel zu befangen war.) Ich entschied mich für einen Halt nach der Kreuzung an der Henkestraße. Hier kletterte ich von der Lok und bedankte mich trotz ölverschmierter Hände nochmals nachdrücklich beim „Personal". Auch dieser Halt erfolgte, obwohl mein Onkel ein äußerst dienstbeflissener Mann war, aus freien Stücken einfach so – auf offener Strecke.

Mein Onkel hatte mir einige außergewöhnliche Minuten geboten, die ich in meinem Leben nie vergessen werde – die Erinnerung daran ist heute noch so lebendig, als wäre es gestern geschehen.

Mit der 98 1801 durchs Altmühltal

Auf Initiative der Stadt Eichstätt kam es im vergangenen Jahrhundert zum Bau der Hauptbahn München – Ingolstadt – Treuchtlingen – Gunzenhausen bzw. Pleinfeld. Eichstätt mußte sich aber mit einem fünf Kilometer von der Stadt entfernt liegenden Bahnhof begnügen. Nachdem Bemühungen um eine private Dampfstraßenbahn gescheitert waren, verband ab 15. September 1885 die erste staatliche Schmalspurbahn Bayerns Bahnhof und Stadt. 1898 erfolgte die Verlängerung bis Kinding. Der Lückenschluß von dort nach Beilngries oder Greding scheiterte an der damaligen Lokalbahnpolitik.
Nach dem ersten Weltkrieg wurde 1922–1929 die Normalspurbahn Beilngries – Kinding gebaut, die Schmalspurbahn von Kinding her auf Normalspur umgestellt (1929–1934). Zwischen Beilngries und Kipfenberg endete der Personenverkehr bereits 1955, fünf Jahre später zwischen Kipfenberg und Eichstätt Stadt. Beilngries – Kinding wurde 1960 demontiert. 1970 endete der Güterverkehr zwischen Kipfenberg und Kinding, 1973 zwischen Eichstätt Stadt und Kipfenberg.
Eichstätt Bahnhof – Eichstätt Stadt wird heute mit Triebwagen der Baureihe 628 in einem S-Bahn-ähnlichen Taktverkehr bedient. Güterverkehr findet zwischen den beiden Eichstätter Bahnhöfen seit 1996 nicht mehr statt.
Wie ging es früher auf der Strecke im Altmühltal zu? Unternehmen wir in Gedanken eine Bahnfahrt auf den 46,3 Kilometern von Eichstätt nach Beilngries. Über 40 Jahre liegt die Möglichkeit dafür inzwischen zurück. Politiker in der Stadt und im Landkreis Eichstätt sowie die Fremdenverkehrsverbände bedauern heute den (vor-) schnellen Abbau der Schienen im Jahre 1973 – wie schön wäre doch eine dampfbetriebene Museumsbahn im Altmühltal!
Die Bahnhofsuhr in Eichstätt Bahnhof zeigt 13.08 Uhr, als der Personenzug München – Ingolstadt – Treuchtlingen auf Gleis 2 zum Halten kommt. Wie seit den 30er Jahren üblich ist er aus vierachsigen ehemals preußischen Abteilwagen und einer Dampflok der Baureihe 38.10 gebildet. Ein großes Emailleschild an der Bahnsteigüberdachung vor Gleis 1 ruft uns den Grund der Reise in Erinnerung: „Züge in Richtung Eichstätt Stadt – Kipfenberg – Beilngries".
Die Pendelgarnitur nach Eichstätt Stadt besteht aus dem VT 70 981 mit senkrechten Stirnwänden und dem VB 140 255 aus einer Beiwagenserie für die „Einheits-Nebenbahntriebwagen" VT 70.9 mit ihren abgerundeten Stirnwänden. Pünktlich um 13.22 Uhr, nachdem noch Anschlußreisende aus Richtung Treuchtlingen aufgenommen worden sind, verläßt die Garnitur als P 2715 den Bahnhof und verschwindet nach einem Achtungspfiff im Schneckenbergtunnel.
Uns bleibt bis zur Abfahrt von P 2739 nach Beilngries eine halbe Stunde Zeit, um nach Spuren der vor 20 Jahren eingestellten Schmalspurbahn Ausschau zu halten. Zwischen Empfangsgebäude und Güterschuppen können wir noch den Standort der Rollbockgrube erahnen; am Güterschuppen erinnert das weit vorragende Dach an die Umladevorgänge zwischen Normal- und Schmalspur, ansonsten sind die Spuren der 1000-mm-Bahn ausgelöscht. So wandern wir ein Stück die Landstraße nach Wasserzell entlang und stellen uns in Gedanken vor, wie einst die kleinen Dreikuppler der Reihe LE oder der mächtige Malletriese Gts 2 x 3/3 neben der Straße heraufgekeucht kamen. In dem engen Bogen von nur 60 m Radius war die Maximalsteigung von 1:40 zu bewältigen.
Plötzlich reißen uns Auspuffschlag und Pfiff einer Dampflokomotive aus den Tagträumen. Es ist keine Schmalspurlok, sondern die Zuglok des P 2726, der gerade in den Tunnel einfährt. Nun heißt es sich beeilen, denn um 13.55 Uhr fahren Lokomotive und Wagengarnitur als P 2739 nach Beilngries. Als wir die Nebenstrecke auf der Straßenbrücke überqueren, hat die Dampflokomotive gerade ihren Zug aus drei Personen- und einem Packwagen bayerischer Lokalbahnbauart

Krauss-Maffei hatte 1937 zwei dieser eleganten Maschinen an die LAG geliefert. Aus der LAG-Nr. 87 wurde bei der Reichsbahn die 98 1801. Im Altmühltal war sie in den fünfziger Jahren unterwegs

ins Ausziehgleis zurückgedrückt, wird abgekuppelt, umfährt die Wagen und setzt sich ans andere Zugende. Aufgrund ihrer Achsfolge erinnert sie an die Baureihe 86. Kessel und Führerhaus sind dagegen typisch bayerisch. Am Bahnsteig ist das Geheimnis schnell gelüftet. P 2739 wird heute von der 98 1801 gezogen. Zusammen mit ihrer Schwester 98 1802 wurde sie vor kurzem von Kempten nach Ingolstadt umbeheimatet und verrichtet jetzt ihren Dienst im Altmühltal.
Im Jahre 1937 von der Lokomotivfabrik Krauss-Maffei in München-Allach für die LAG (Lokalbahn Aktiengesellschaft, München) gebaut, gelangten die LAG Nr. 87 und 88 bei der Verstaatlichung der Privatbahn im Jahre 1938 zur Deutschen Reichsbahn. Mit einer Leistung von 470 PS und 70 km/h Höchstgeschwindigkeit waren sie zusammen mit ihrer dritten Schwester, welche an die Tegernseebahn geliefert wurde, die leistungsfähigsten und schnellsten Lokalbahnlokomotiven in Bayern.
Im letzten Wagen des Zuges finden wir einen Platz in Fahrtrichtung links. Hier bietet sich der beste Blick auf die Sehenswürdigkeiten des Tales und in den Krümmungen auf die Maschine an der Zugspitze.
Als der Zeiger der Bahnhofsuhr auf 13.55 Uhr springt, gibt der Zugführer den Abfahrauftrag. Das Ausfahrtssignal zeigt „Ausfahrt frei – Langsamfahrt". Obwohl die Geschwindigkeit bis zum Ende des Schneckenbergtunnels auf 40 km/h begrenzt ist, zieht die Lok scharf an und beschleunigt rasch. Die Radsätze pfeifen und quietschen, als wir am Dienstwohngebäude vorbei im 240-m-Bogen nach rechts biegen und in den 187 m langen Tunnel eintauchen. Nach Verlassen des Tunnels öffnet sich der Blick auf das weite Tal mit seinen markanten Blickpunkten Willibaldsburg und Kloster Rebdorf.
Die letzten Meter bis zum Haltepunkt Wasserzell (km 0,830) legen wir auf einem hohen Damm zurück. Etwa 25 Meter unter uns verläuft am Dorfrand die von der Schmalspurbahn benutzte Landstraße. Ihr Haltepunkt wurde vom „Napoleonsfelsen" überragt. Am Haltepunkt der Normalspurbahn bietet eine Unterstellhütte Schutz

Zum Ende der fünfziger Jahre bestimmten die 64er und Triebwagen VT 70.9 mit VB 140 das Bild im Altmühltal. Hier kommt der VT 70 923 dem Fotografen kurz vor Arnsberg entgegen

vor den Unbilden der Witterung. Zwei schmale Fußwege führen hinunter ins Dorf. Nach kurzem Aufenthalt geht die Fahrt weiter. Die Strecke verläuft am Hang entlang in nordöstliche Richtung, links von der Landstraße begleitet. Vor den Steghäusern – so benannt nach einem Steg über die Altmühlwiesen und den Fluß hinüber zum Kloster Rebdorf – biegt sie in einer sanften S-Krümmung durch einen kleinen Einschnitt nach Norden und kreuzt die Landstraße auf einer Betonbrücke. Werfen wir einen Blick aus dem rechten Wagenfenster, so erkennen wir auf der Anhöhe des Frauenbergs malerisch von Bäumen eingerahmt die Frauenbergkapelle. Das kleine Wallfahrtskirchlein mit seiner Doppelkuppel ließ Fürstbischof Johann Anton von Freyberg im Jahre 1739 von seinem Hofbaumeister Gabriel de Gabrieli, einem Graubündener, erbauen.

Schon erreicht der Zug, links von der Altmühl begleitet, den Haltepunkt Rebdorf-Hofmühle (km 3,0). Dieser vereinigt seit 1934 die Haltepunkte Rebdorf (in Höhe der Steghäuser) und Hofmühle (nördlich der Brauerei am Hofmühlkeller) der Schmalspurbahn. Eine Brücke führt hinüber zum monumentalen Barockbau des Klosters Rebdorf.

Inzwischen hat der Zug den Haltepunkt verlassen. Hinter dem schienengleichen Bahnübergang liegt das Anschlußgleis der Brauerei. Gerade werden zwei Bierwagen beladen. Neben der Rampe stehen Bierfässer und Bierkisten. Wir fahren ganz nahe an den Brauereigebäuden vorbei und können in einem Garten hinter dem zur Brauerei gehörenden Wohnhaus noch die Auflager der Schmalspurbrücke über den nunmehr trockengelegten und verfüllten Werkskanal erkennen. Während die Schmalspur hier an einer ihrer unfallträchtigsten Stellen in engen 60-m-Krümmungen und einer 25-Promille-Steigung zur Landstraße hinaufschnaufte, und am Hofmühlkeller die Zecher ein- und aussteigen ließ, rollen wir in weitem Bogen durch die Altmühlwiesen. An der Schlagbrücke befand sich ein weiterer Haltepunkt der Schmalspurbahn. Noch immer zweigt ein Anschlußgleis zu einem Steinbruchbetrieb ab. Offene Güterwagen wer-

den gerade mit Kalksteinplatten, sogenannten Juraplatten, beladen.
Auf dem Bergrücken über Bahn und Fluß thront die Willibaldsburg, Wahrzeichen der Stadt Eichstätt. Seit den Zeiten des Heiligen Willibald residierten die Bischöfe in der Stadt neben dem Dom. Erst Bischof Bertold von Hohenzollern baute aus Verteidigungsgründen in der zweiten Hälfte des 14. Jahrhunderts auf dem Willibaldsberg eine Burg und verlegte seine Residenz in Kriegszeiten dorthin. Nach der Burgerweiterung um drei große Flügel unter Bischof Martin von Schaumberg in der zweiten Hälfte des 16. Jahrhunderts ließ Bischof Konrad von Gemmingen die Anlage zu Beginn des 17. Jahrhunderts zu einem fürstlichen Residenzschloß umgestalten. In den Jahren 1609 bis 1620 entstanden nach Plänen von Elias Holl der Renaissancetrakt und die wuchtigen Bauten der Vorburg. Im Dreißigjährigen Krieg wurde die Burg von den Schweden belagert, am 13. Mai 1633 an sie übergeben, jedoch schon am 23. Oktober von den Kaiserlichen zurückerobert. Im Frühjahr 1634 versuchten die Schweden noch einmal, diesmal aber vergeblich, die Burg einzunehmen. Daraufhin brannten sie die Stadt Eichstätt nieder. Mit starken Bastionen wurde die Burganlage nach Kriegsende noch weiter verstärkt. Als letzter Fürstbischof bewohnte Knebel von Katzenellenbogen die Willibaldsburg. Sein Nachfolger bezog 1725 die Stadtresidenz. Im Zuge der Säkularisation beschlagnahmte der bayerische Staat auch die Willibaldsburg und verkaufte sie im Jahre 1806 an mehrere Privatleute. Diese schlachteten das herrliche Gebäude aus und verwandelten es in seinem Inneren mehr oder weniger in eine Ruine. Der Staat kaufte die Burg daher 1829 zurück, ließ sie instandsetzen und verwendete sie zeitweise als Kaserne. Heute beherbergt der durch seine zwei markanten Türme auffallende Gemmingenbau ein Museum mit vielen Zeugnissen aus der Geschichte des Altmühltales und der Juralandschaft.
Seit der Schlagbrücke umrundet die Bahnlinie parallel zur Landstraße den Burgberg. Nach schienengleicher Kreuzung der B 13 Weißenburg – Ingolstadt schwenkt sie nach Südosten, neben ihr das Ausziehgleis des Güterbahnhofs. Dort stellt 98 1802 gerade den nachmittäglichen Güterzug zusammen. Für unseren Zug zeigt das Einfahrsignal „Frei" und am Lokschuppen vorbei wird Eichstätt Stadt (km 5,09) erreicht. VT 70 891 wird vor dem Schuppen betankt, durch die geöffneten Hallentore erkennen wir einen weiteren Triebwagen, VT 70 918 oder VT 70 923.
Ganze zwei Minuten Aufenthalt sind hier für unseren Zug vorgesehen. Vom Wagenfenster aus schweift der Blick über die markante Silhouette der Bischofsstadt. Da ist zunächst am Spitalplatz der Turm der Heilig-Geist-Kirche. Dahinter ragen die noch aus romanischer Zeit stammenden Türme und das Querschiff des Doms auf, der in seinem Kern auf die Kathedrale des Hl. Willibald, des ersten Bischofs von Eichstätt, zurückgeht. Unseren Blicken verborgen bleiben leider die in der Barockzeit entstandene fürstbischöfliche Residenz und der von Gabrieli angelegte Residenzplatz mit vielen prachtvollen spätbarocken Bauten. Weiter nach Norden zu grüßt der mit einer klassizistischen Laterne versehene Turm des Eichstätter Rathauses herüber. Ganz im Norden schließlich erheben sich gleichsam festungsartig Kloster und Kirche von St. Walburg.
Es ist 14.09 Uhr, als unser Zug aus Gleis 1 seine Fahrt nach Beilngries fortsetzt. Zunächst wird im Schrittempo und unter lautem Pfeifen und Läuten die Spitalkreuzung überquert. Die von der Stadt Eichstätt schon zu Zeiten der Schmalspurbahn geforderte Schrankenanlage wurde von der DB erst Ende der 50er Jahre installiert – 1960 endete der Personenverkehr ins Tal. Auf der Weiterfahrt benützt der Zug nun bis Kinding die Trasse der einstigen Schmalspurbahn.
Bevor wir das Eichstätter Stadtgebiet verlassen, wird auf dem linken Altmühlufer die 1735 von Gabrieli erbaute Sommerresidenz der Fürstbischöfe sichtbar.
Inzwischen hat der Zug im beschaulichen 50-km/h-Tempo den Haltepunkt Pietenfeld (km 8,7) erreicht. Ein kurzer Schüttbahnsteig, ein Haltestellenschild und das erst 1932 aufgestellte hölzerne Wartehäuschen entsprechen dem geringen Verkehrsaufkommen dieser Un-

Um 1950 verläßt der VT 70 781 mit einem VB 140 den Bahnhof Eichstätt Stadt in Richtung Beilngries. Auf dem Gleis 1 wartet eine 86er mit ihrem Personenzug

terwegsstation. Das Dorf selbst liegt auf der Jurahöhe, ungefähr zwei Kilometer südöstlich an der B 13 nach Ingolstadt.

Bis zum Haltepunkt Landershofen (km 10,0) mit gleicher Ausstattung wie Pietenfeld fahren wir am Waldrand entlang. Das Dorf liegt auf dem linken Altmühlufer. Hier wird deutlich, daß schon die Schmalspurtrasse am Hochufer der Altmühl angelegt wurde. Trotz der Altmühlregulierung gleicht das Tal bei Frühjahrshochwasser auch heute noch oftmals einer Seenlandschaft.

15 Minuten Fahrzeit benötigt der Zug bis Pfünz (km 12,5). Die kleine Haltestelle verfügt neben dem durchgehenden Streckengleis über ein Ausweichgleis für Zugkreuzungen. Zwei Schüttbahnsteige sind angelegt worden. Vor dem Agenturgebäude mit Güterschuppen endet außerdem ein Ladegleis. Der Ortsname kommt aus dem Lateinischen („pons" = Brücke), denn die Römer hatten hier eine erste Brücke über die Altmühl gebaut. Die heutige schmale Brücke, irrtümlich „Römerbrücke" genannt, ist dagegen mittelalterlichen Ursprungs. Am Bahnhof beginnt der Aufstieg zum Römerkastell Vetonianis auf dem Kirchberg. Noch erhalten sind die Fundamente der acht Tortürme, drei Ecktürme und auf der Westseite der Doppelgraben. In den letzten Jahren wurde mit der Rekonstruktion der Anlage begonnen. Auf dem Gelände des heutigen Dorfes Pfünz hatten die Römer eine Siedlung angelegt. Ausgrabungen zufolge war sie das „Industrieviertel" mit einer Eisenschmelze, einem Schmiedeofen und drei Töpferöfen.

Nach der Abfahrt kreuzt die Strecke zunächst die Talstraße und umrundet anschließend den ummauerten Garten des ehemaligen fürstbischöflichen Sommerschlosses.

Bis zum Haltepunkt Inching (km 13,7) verläuft die Bahnlinie durch die Altmühlwiesen. Der kleine Haltepunkt verfügt nicht einmal über eine Schutzhütte. Unterhalb der steil aufragenden Jurafelsen liegt das Dorf am anderen Altmühl-

Sogar die preußische T 14.1 verkehrte nach dem Zweiten Weltkrieg für einige Zeit im Altmühltal: 93 1108 und 1109 waren im Lokbahnhof Eichstätt stationiert, bevor sie in Richtung Frankfurt abgegeben wurden

ufer. Bevor wir Walting (km 17,1) erreichen, steigt die Strecke nach erneutem Kreuzen der Landstraße an und verläuft am Hang entlang oberhalb der Waltinger Mühle. Beim Bahnbau waren hier umfangreiche Felssprengungen erforderlich. Zwischen Fluß, Mühle und Landstraße bot sich für die Bahnlinie kein Platz, hätte man sie nicht auf die Landstraße verlegen wollen. Vor dem Halt in Walting wird nochmals die Landstraße gekreuzt. Die Haltestelle ist mit einem Agenturgebäude mit Güterschuppen, dem Strecken- und zwei Ausweichgleisen ausgestattet. Eines liegt an der Ladestraße.

Bei der Weiterfahrt nach Kipfenberg verengt sich das Tal, und auch die Bahn muß in weiten Bögen den Flußschleifen folgen. Nach einer engen Rechtskrümmung halten wir in Pfalzpaint (km 20,0). An das Agenturgebäude schließt sich ein Ausweichgleis neben der Ladestraße an. Vom Zug aus sehen wir im Dorf viele alte Häuser des Juratyps, erkennbar an den recht flachen, mit Juraplatten (Legschiefer) gedeckten Dächern. Im Jahre 1119 wurde hier erstmals das Edelgeschlecht der Pfalzpainter urkundlich erwähnt. Ihr burgähnlicher Hof lag südlich neben der im Jahre 1707 erbauten Dorfkirche. Der Burgfried, ein Turm aus Quadersteinen mit quadratischem Grundriß, ist noch vorhanden.

Nach der Abfahrt kreuzt der Zug zum fünften Mal die Landstraße. Am linken Hang erstreckt sich nun die Gungoldinger Wacholderheide. Sie zeigt die einstmals typische Juralandschaft mit kahlen Hängen und mit Wacholderbüschen. Bis Anfang des 19. Jahrhunderts sahen fast alle Hänge im Tal so oder ähnlich aus. Wälder fanden sich zunächst nur auf den Höhen. Erst langsam begann man, auch die Hänge mit Nadel- und Laubbäumen, die das Tal im Herbst in bunter Farbenpracht leuchten lassen, zu bepflanzen. Die Haltestelle Gungolding (km 22,0) ist nach dem Muster von Pfalzpaint angelegt. Ein Steinbruchbetrieb verlädt Juraplatten und sorgt neben der Forstwirtschaft für reges Aufkommen im Güterverkehr. Zur Schmalspurzeit war in Gungolding ein etwas längerer Aufenthalt zum Wasserfassen eingeplant.

Die Bahnlinie folgt nun in einem Linksbogen der Altmühl und überquert vor Einfahrt in die Haltestelle Arnsberg (km 24,0) die von Süden in die Altmühl mündende Schambach auf einer eisernen Brücke. Diese stammt noch aus der Zeit der Schmalspurbahn und wurde bei der Umspurung lediglich verbreitert. Die Arnsberger Gleisanlagen sind recht umfangreich: Neben dem Streckengleis gibt es zwei Ausweichgleise, ein Stumpfgleis und das Anschlußgleis zu einem Sägewerk, das allerdings in letzter Zeit kaum mehr benutzt worden zu sein scheint. Arnsberg schmiegt sich eng an einen steil aufragenden Jurafelsen, auf welchem sich etwa 100 m über dem Talgrund die Burgruine erhebt. Schon von Gungolding herüber zog sie immer wieder unsere Blicke an. Wie eine Urkunde aus dem Jahre 1394 erwähnt, ließ der in Ingolstadt residierende Bayernherzog Stephan der Kneißl die Burg Ende des 14. Jh. zur Sicherung der Talstraße und zum Schutz der Kaufleute erbauen. Heute beherbergt sie ein Hotel und eine Ausflugsgaststätte. Den Gästen bietet sich ein unvergeßlicher Blick auf das senkrecht darunter liegende Dorf, die gewundene Altmühl und die grauen Jurafelsen.

Von Arnsberg aus könnten wir mit dem Bahnbus, hier „Jurabus" genannt, nach Ingolstadt fahren. Unser Ziel aber ist Beilngries, und so bleiben wir im Zug sitzen. Nach der Abfahrt ist auf knapp zwei Kilometern zwischen Altmühl und Berghang gerade noch Platz für Bahnlinie und Straße. Steil ragen auch hier die Felsen auf. Vor Böhming weitet sich das Tal etwas, macht eine Rechtsbiegung, und der Ort liegt vor uns. Unser Blick fällt auf die links abseits in einer Wiese gelegene Dorfkirche aus dem 15. Jh., umgeben von einem Erdviereck. Der Grund für diese außergewöhnliche Lage war lange Zeit unbekannt. Erst der Geschichtsforscher und Limeskommissar Dr. Winkelmann konnte das Rätsel lösen, als er bei Ausgrabungen in den Jahren 1898–1905 feststellte, daß die Kirche auf den Resten eines römischen Kastells steht.

Nach dem Kreuzen der Talstraße kommt der Zug am Haltepunkt Böhming (km 27,3) zum Stehen. Schüttbahnsteig, Haltestellentafel und ein hölzerner Unterstand entsprechen dem bescheidenen Aufkommen im Personenverkehr. Wir sind „vor Plan", und so bleibt für das Zugpersonal Zeit für eine kurze Unterhaltung mit Herrn Gäck, Lehrer an der Böhminger Volksschule. Der Anlaß ist sicher nicht erfreulich, plant doch die BD München die Einstellung des Personenverkehrs im Abschnitt Kipfenberg – Beilngries und die Gesamtstillegung des Teilstücks Kinding – Beilngries. Der Unterstand wurde übrigens auf Veranlassung von Herrn Gäck nach Einstellung des Personenverkehrs von der Marktgemeinde Kipfenberg abgebaut und oberhalb Böhming am Limes als Schützhütte für Wanderer aufgestellt.

Als wir Böhming verlassen haben, folgt die Strecke wieder der Landstraße und quert diese vor Einfahrt in den mit Signalen ausgestatteten Bahnhof Kipfenberg (km 29,3) ein letztes Mal. Hier kreuzen wir den 2736 aus Beilngries, der von der 70 003, einer ehemals bayerischen Pt 2/3, des Bw Ingolstadt geführt wird. Der Bedeutung des Ortes entsprechend ist das Bahnhofsgebäude großzügig ausgeführt. Es ist zweigeschossig aus Jurabruchsteinen gemauert. In Richtung Kinding schließt sich eine geräumige Güterhalle an. Neben dem Streckengleis gibt es zwei Ausweichgleise, sogar ein Mittelbahnsteig ist angelegt. Zur Holzverladung dient die lange Laderampe mit zwei Stumpfgleisen. In Kipfenberg sorgen eine Glasfabrik, die Arzneimittelfabrik Täschner sowie die Land- und Forstwirtschaft für ein gewisses Aufkommen im Güterverkehr. So verkehrt ab Eichstätt täglich ein Güterzug bis Beilngries und zurück. Heute morgen war die 98 1802 Zuglok.

Aus dem Wagenfenster fällt unser Blick auf die Burg, malerisch auf einem hohen Jurafelsen über dem Markt gelegen. Durch das Birktal wird der Schloßberg vom Michelsberg getrennt. Ausgrabungen zufolge hatten die Kelten dort in der Hallstadt- und La-Tène-Zeit ein Oppidum, eine durch Wälle und Gräben befestigte Verteidigungsanlage, errichtet. Auch sie diente wohl der Bewachung des Altmühlübergangs an der Stelle, wo die keltische Handelsstraße von Kelheim nach Nördlingen den Fluß überschritt.

Nach der Abfahrt wird die Altmühl auf der im Rahmen der Umspurung neu gebauten Eisenbahnbrücke überquert. Zwei Pfeiler aus Jurabruchsteinen weisen uns auf den Standort der Schmalspurbrücke hin. Fast schnurgerade verläuft die Strecke nun am linken Flußufer und erreicht bei km 33,3 den Haltepunkt Ilbling. Er weist den für Lokalbahnen typischen Schüttbahnsteig und das Haltestellenschild auf.

Noch zwei Kilometer sind es nun bis Kinding (km 35,2), dem einstigen Endpunkt der Schmalspurbahn. Beim Bau der Strecke nach Beilngries wurde 1929 der in einem Rechtsbogen liegende dreigleisige Normalspurbahnhof angelegt.

Neben dem Bahnhofsgebäude, das in seinem Baustil an die Agenturgebäude erinnert, kommt der Zug zum Stehen. Zwischen Gleis 1 und 2 ist ein kurzer Schüttbahnsteig vorhanden. Gleis 3 dient für Güterzüge und zum Abstellen von Wagen. Nach Aufnahme des Normalspurbetriebs Beilngries – Kipfenberg im Mai 1930 wurde auch der Schmalspurbahnhof umgespurt und dient seither der Holzverladung. Am erhöhten Holzlagerplatz liegt ein recht langes Stumpfgleis. Zusätzlich zum ehemaligen Bahnsteiggleis ist ein Umfahrgleis vorhanden. Als planierte Fläche erkennen wir den Standort des Schmalspurlokschuppens. Das aus der Schmalspurzeit stammende Bahnhofsgebäude ist wie dasjenige von Kipfenberg zweigeschossig und aus Jurabruchsteinen gemauert.

Gleich nach der Abfahrt in Kinding unterquert der Zug die Autobahn 9 Nürnberg – München, welche hier das Altmühltal kreuzt. Auf zwei eisernen Brücken werden die Mündungsarme der Schwarzach passiert, links liegt Kinding. Bis Beilngries befahren wir nun die im Jahre 1929 fertiggestellte Strecke. Sie verläuft auf dem linken Altmühlufer hochwasserfrei neben der Talstraße. Das Tal weitet sich zusehends.

Erster Haltepunkt mit Unterstand und Schüttbahnsteig ist Unteremmendorf (km 40,1). Der Ort liegt auf dem rechten Flußufer, etwa 500 m entfernt. Genau senkrecht über dem Dorf liegt auf steilem Felsen die Burg.

Nach einer Linkskrümmung ist gleich darauf die Haltestelle Pfraundorf (km 41,5) erreicht. Das mit zwei seitlichen Stumpfgleisen versehene Ausweichgleis ermöglicht Zugkreuzungen.

Die Bahnlinie verläuft nun in nordöstlicher Richtung am Haltepunkt Badanhausen (km 42,8) vorbei auf Beilngries zu. Hoch oben auf einem Bergrücken wird Schloß Hirschberg sichtbar.

Vor Einfahrt in den 1929 neu angelegten Bahnhof Beilngries (km 46,3) wird in einer Linkskrümmung die Sulzbrücke befahren. Ein Anschlußgleis führt zum Baywa-Lagerhaus. Von Osten biegt die Lokalbahn aus Dietfurt in den mit Flügelsignalen gesicherten Bahnhof ein. Unser Zug hält am Bahnsteig von Gleis 2. Die Bahnhofsuhr zeigt 15.27 Uhr. Wir haben also für die 46 km lange Strecke ohne nennenswerte Unterwegsaufenthalte 1 Stunde und 32 Minuten benötigt.

Der Lokführer der 98 1801 hat seine Maschine gekonnt vor dem Wasserkran zum Halten gebracht. Für die Weiterfahrt um 15.57 Uhr nach Neumarkt werden die Wasserkästen mit frischem Naß gefüllt. Auf der anschließenden Strecke kann die Lok vor dem nunmehr die Zugnummer P 2639 führenden Zug ihre Höchstgeschwindigkeit von 70 km/h voll ausfahren. Um 16.55 Uhr wird der Zug in Neumarkt eintreffen. Für unsere 98 1801 ist die Tagesarbeit dann noch nicht vollbracht. Sie wird frisch aufgerüstet und zur Fahrt mit dem P 2644 um 18.56 Uhr nach Dietfurt vorbereitet. Anderntags geht es morgens um 4.03 Uhr mit dem P 2621 nach Neumarkt und von dort um 7.50 Uhr mit P 2626/2732 wieder nach Eichstätt.

Für die Rückfahrt nach Eichstätt begeben wir uns gegen 16.30 Uhr wieder zum Bahnhof. Der VT 70 918 trifft zusammen mit einem VB 140 um 16.32 Uhr als P 2638 aus Neumarkt ein. Auf Gleis 1 steht der Anschlußzug nach Dietfurt, bespannt mit einer 86er des Bw Nürnberg Rbf. Nach kurzem Aufenthalt verläßt unser Triebwagen um 16.33 Uhr als P 2738 Beilngries. Uns bietet sich die Gelegenheit, dem Triebwagenführer über die Schulter zu blicken und die Bahnlinie im Altmühltal aus einer ganz anderen Perspektive zu erleben. Wir ahnen zu diesem Zeitpunkt noch nicht, daß nach kaum 25 Jahren die einstmals heiß erkämpfte Bahnverbindung mit dem Ende des Sommerfahrplans 1955 Geschichte werden wird.

Die Bildautoren

Archiv	69
Baier	6/7, 66,
Baur	92, 112
Slg. Bergsteiner	120, 121 (Krauth), 123 (Schörner), 124 (Schörner)
Degener	43, 44, 45, 46
Heller	64/65,
Heym	8, 33, 34, 36, 40/41, 48, 49, 51, 79, 80, 82 o., 86, 87 o., 88, 89, 90/91, 93
Slg. Heym	47, 50 u., 85, 87 u.l. 87 u. r.
Köhler	113, 114
König	50 o.
Lindenblatt	101, 102, 105, 106, 107, 108
Nowak	117, 118
Pütz	73
Slg. Reinshagen	9, 11, 14 (Bundesarchiv Koblenz), 16 (Bundesarchiv Koblenz), 17, 18, 21, 23, 26, 30, 31 (Stadtarchiv Solingen), 53, 57 o., 57 u. (BD Köln), 58, 61 o., 61 u.
Säuberlich	42
Schmidt, H.	72
Schütze	2, 81, 82 u. 97, 99, 110/111
Slg. Schütze	94 (Greinke), 95 (Rammelt), 96, 98 (Schrödter)
Volkhardt	68

Die Bücher für Ihr Hobby:

Als Reiseführer und zum Schmökern:

USA – mit dem Zug erleben
Best.-Nr. 8570
ET: 3/99

Schweiz – mit dem Zug erleben
Best.-Nr. 8571
ET: 3/99

Die neue Reihe „…mit dem Zug erleben" vereint den praktischen Nutzen eines Reiseführers mit dem Informationsgehalt einer Dokumentation. Den Beginn machen zwei „Bahn-Traumländer" – die USA und die Schweiz!

Jeder Band enthält

- **allgemeine Informationen** über die Bahn im Land,
- viele **praktische Reisetips & Karten**,
- ausgewählte **Routenbeschreibungen**,
- **100 Bahn-Erlebnisziele** für Reisen und Ausflüge.

Helmut Mochel (Hg.):
Je 192 Seiten, über 170 z.T. farbige Fotos, Taschenbuch-Format 12 x 18 cm, kartoniert zum Mitnahme-Preis: je DM 29,80

Taschenbücher Schienenverkehr – die Reihe mit Kompaktwissen:

Martin Pabst
Straßenbahn-Fz. 1
Dt. Straßenbahn-Typen
160 Seiten, über 140 Abbildungen (z.T. in Farbe)
Best.-Nr. 8511
nur DM 24,80

Martin Pabst
Straßenbahn-Fz. 2
Niederflur-/Stadtbahnwg.
160 Seiten, über 140 Abbildungen (z.T. in Farbe)
Best.-Nr. 8512
nur DM 24,80

Andreas Braun (Hg.)
Neuauflage: DB-Fahrzeuge 1
192 Seiten, 50 Farb- und 120 s/w-Abbildungen, Format 12 x 17 cm,
Best.-Nr. 8510
nur DM 19,80

Andreas Braun (Hg.)
DB-Fahrzeuge 2: Wagen
176 Seiten, ca. 50 Farb- und 100 s/w-Abb., Format 12 x 17 cm, Best.-Nr. 8513
nur DM 24,80

Straßenbahn und Nahverkehr – fundierte Dokumentationen:

Hans G. Nolden
Die Düsseldorfer Straßenbahn
160 Seiten, ca. 45 Farb- und 110 s/w-Abb., Format 17 x 24 cm, geb., Best.-Nr. 8502
nur DM 39,80

Heiner Matthes
Die Chemnitzer Straßenbahn
160 Seiten, ca. 45 Farb- und 110 s/w-Abbildungen, Format 17 x 24 cm, geb.
Best.-Nr. 8501
nur DM 39,80
Erscheint im Dezember 1998

Pischek/Junghardt
Die Münchner U-Bahn
160 Seiten, ca. 40 Farb- und 150 s/w-Abbildungen, Format 17 x 24 cm, geb.
Best.-Nr. 8520
nur DM 39,80

Dieter Höltge
Die Braunschweiger Straßenbahn
160 Seiten, ca. 45 Farb- und 110 s/w-Abbildungen, Format 17 x 24 cm, geb.
Best.-Nr. 8500
nur DM 39,80

Fundierte Bücher zur Eisenbahn: Berühmte Lokomotiven, neue Strecken und alte Technik

Hans-B. Schönborn
Lok 2000
144 Seiten, 50 Farb- und 80 s/w-Abbildungen, Format 17 x 24 cm, geb.
Best.-Nr. 8551
nur DM 39,80

Gohl / Madörin
Universallok Re 4/4[II+III]
144 Seiten, 50 Farb- und 80 s/w-Abbildungen, Format 17 x 24 cm, geb.
Best.-Nr. 8552
nur DM 39,80

Erich Preuß
Hannover – Berlin
160 Seiten, über 150 Abb. (z.T. in Farbe), Format 17 x 24 cm, geb.,
Best.-Nr. 8531
nur DM 39,80

Bernd Mühlstraßer
Baureihe E 69
160 Seiten, 50 Farb- und 100 s/w-Abb., Format 17 x 24 cm, geb.,
Best.-Nr. 8541
nur DM 39,80

Peter Bock
Interzonenzüge
240 Seiten, 200 Abb. (z.T. in Farbe), Format 17 x 24 cm, geb.,
Best.-Nr. 8533
nur DM 49,80

Im gut sortierten Buchhandel – oder direkt beim GeraNova Verlag, D-80632 München